다정한
소재과학
이야기

다정한 소재과학 이야기

허무영 지음

소재의 기본 현상과 기초 이론 + 자연과 인간 이야기

KU PRESS
고려대학교
출판문화원

책머리에

《다정한 소재과학 이야기》는 현재와 미래의 학생들과 소재를 다루는 모두를 위해서 만들었다. 이 책에서는 소재의 기본이 되는 현상과 이에 수반되는 이론과 함께 자연과 인간의 주제를 포함하여 쉽고 편안한 이야기로 만들어보았다. 이 책에는 수식은 가급적 최소화하고, 가벼운 마음으로 흥미로운 이야기를 읽는 즐거움을 주기 위하여 책을 구성하였다.

소재는 재료공학, 신소재공학, 전자/전기공학 등의 공학 분야와 물리, 화학, 의학 등 자연계의 모든 분야에서 기본 물질이다. 최근에 각 분야에서는 최첨단 기술을 적용한 제품의 생산에 새로운 소재가 요구되고 있다. 이런 신소재 개발은 기존 소재의 특성을 이해하고 이에 대한 기초 이론을 이해해야 가능한 것이다. 이 책은 독자에게 소재에 대한 지식의 기초와 기반을 마련해 줄 것이다.

2년 전 숨쉬기가 어려워 다 살았다고 생각할 때, 폐이식을 받고 새로운 삶을 얻었다.

새 삶을 주신 백효채 교수님, 박무석 교수님의 은혜에 깊은 감사를 드립니다. 또한 세브란스 흉부외과, 호흡기내과 의료진 여러분 감사합니다. 항상 응원해 준 고려대 이은주 교수님 고맙습니다. 깊은 사랑과 헌신으로 나를 다시 세워준 사랑하는 아내 김경선 박사와 가족들 정말로 고맙습니다.

이 책의 출판을 도와준 고려대학교출판문화원의 편집진, 그리고 안현 실장님 수고 많으셨습니다.

나에게 왼쪽 폐를 주신 분에게 이 책을 바치고 싶습니다.

2024년 1월

요석(堯晳) 허무영

차례

1

생명체와 무생물체

따뜻한 봄날 지호는 시골집 옆에 있는 자그마한 연못에서 동그란 개구리 알이 물 가장자리에 모여있는 것을 발견하였다. 호기심이 많은 지호는 연못물과 함께 개구리 알 서너 개를 그릇에 담아 집 안에 있는 자기의 방으로 가지고 와서 어항에 넣어두었다. 일주일이 지난 후 개구리 알의 중심부에서는 점차 모양변화가 일어났고, 며칠 후 개구리 알은 머리 부분이 둥글고 눈과 입이 있으며 겉아가미로 숨을 쉬는 올챙이가 되었다. 그림 1은 개구리 알과 뒷다리가 자라기 시작하는 올챙이를 보여준다. 올챙이는 꼬리로 헤엄치며 움직인다. 얼마 후 올챙이는 허파와 피부로 숨을 쉬는 개구리로 성장한다. 개구리는 짧은 앞다리와 긴 뒷다리가 각각 2개 있는데, 뒷다리의 발가락에는 물갈퀴가 있어 물에서는 뒷다리를 움직여 헤엄친다.

볍씨와 싹이 생긴 모의 차이점은 무엇일까? 볍씨는 껍질을 벗겨내어 언제든지 맛있는 쌀밥을 만들 수 있고, 마른 상태로 수년간 보관할 수 있지만, 분명히 살아있는 생명체이다. 그러나 볍씨를 그냥 두면 절대로 모로 자라나지 않는다. 모는 볍씨가 성장하도록 활성화된 상태로 일정 조건에 있어야 모가 되는 것이다. 즉 온도가 15 °C 이상이며 물에 잠겨있으면 일주일 정도 시간이 지나고 모의 싹이 형성되는 것

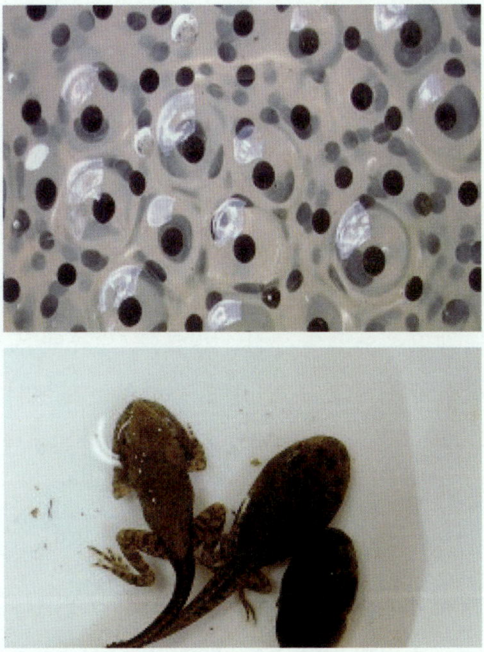

그림 1. 개구리 알과 올챙이

이다. 파충류인 바다거북이의 알은 어떻게 부화되어 거북이 새끼가 될까? 이것도 대기압인 1기압에서 온도가 26~30 °C이며 동시에 수분이 80% 이상인 조건에서 부화가 진행된다. 차가운 바닷물 속에서 이 조건은 얻어지지 않는다. 그래서 거북이들은 해안가의 모래언덕을 열심히 힘들게 기어올라와 깊이 구멍을 파고 햇볕이 잘 드는 따뜻한 장소에 알을 낳는 것이다. 모래 속에서 부화한 작은 거북이들은 열심히 기어서 다시 바다로 돌아가 바닷물 속에서 일생을 살아간다. 거북이는 부화온도가 높으면 암컷이, 낮으면 수컷이 태어난다고 한다.

차가운 냉장고에 있는 계란은 아무리 정성을 쏟아도 절대로 병아리로 부화하지 않는다. 동물의 알로부터 성체로 형태 바꿈에는 항상 외부로부터 열의 보급이 필요한 것이다. 고체에서 액체로 상변화가 일어날 때 잠열 ΔH이 필요하듯이 생물체의 형태 바꿈에도 일정 시간과 온도의 열 보급 $q = \Delta H$이 필요한 것이다. 그런데 ΔH를 제거하면 액체는 다시 고체로 상변화 하지만, 생물체인 병아리에서는 ΔH를 제거하더라도 절대로 계란으로 돌아가지는 않는다. 얼음에 일정량의 ΔH를 가하면 물로 상변화를 하고, T_m인 0 °C 이하의 온도에서 액체 물에 일정량의 ΔH를 제거하면 고체 얼음이 된다. 이렇게 물과 얼음은 가역적으로 온도 변화에 의하여 상변화를 한다.

달걀은 개체 하나에 하나의 세포로 구성이 된 단세포로 되어있다. 그림 2와 같이 수정된 달걀에 36~38 °C에서 약 20일 동안 ΔH를 가하면 병아리가 부화된다. 그러나 부화된 병아리는 아무리 ΔH를 제거하여도 다시 달걀로 돌아갈 수 없는 것이다. 그럼 그 이유가 무엇일까? 바위는 비와 바람 같은 외부 에너지에 의하여 부스러지고 조각이 나서 자갈과 모래가 되지만, 또 오랜 시간 큰 압력을 받으면 다시 바위로 돌아갈 수 있다. 그러나 한번 부화된 병아리는 절대로 달걀로 돌아갈 수 없다. 이것이 생명체와 무생물체의 차이점이다. 모든 생명체는 시간이 지남에 따라 세포를 비롯한 신체의 모든 곳에 역사의 흔적을 남기게 된다. 1초 전과 후의 생명체는 절대로 같을 수 없고, 이런 역사를 되돌리는 방법, 즉 지나간 시간을 되돌리는 방법은 없는 것이다.

그림 2. 달걀과 병아리, 얼음과 물

지호가 올챙이 알을 가져올 때 연못가에 있던 이쁘게 생긴 동그란 반짝이는 까만 조약돌도 함께 집으로 가지고 와서 깨끗이 물로 씻어 자기의 책상 위에 놓아두었다. 집 안으로 같이 들어왔던 개구리 알은 한 달 후에 개구리가 되었고 어항을 탈출하여 집을 떠났지만 동그란 까만 조약돌은 아무 변화도 없이 그대로 책상 위에 놓여있다. 한 달이라는 시간 동안 생명체인 개구리 알에서는 많은 변화가 일어났지만, 무생명체인 까만 조약돌에는 아무런 변화가 일어나지 않은 것으로 보여진다. 모든 생명체의 몸 안에서는 매순간 호흡, 운동, 영양 섭취, 배설, 세포의 증식 및 소멸 등의 무수히 다양한 생화학적 반응이 항상 일어나고 있다. 이에 따라 모든 생명체는 언제나 변해나간다.

대부분의 생명체는 대략 100년 이내에 "생로병사"를 거쳐서 일생을 마친다. 인간의 조상인 호모 사피엔스가 지구상에 등장한 것은 약 20만 년 전의 일이다. 20만 년 동안 죽음을 통하여 자연으로 돌아간 인간의 수는 현재 지구상의 인구 78억 명의 몇 백 배 아니 그 이상일 것이다. 즉 생명체는 인간을 포함하여 누구나 죽음을 통하여 생을 마감한다. 그림 3은 발트해(Baltic sea) 동쪽에 있는 발트3국의 리투아니아에 있는 십자가언덕을 보여준다. 제정 러시아 지배 시대에 식민지 수탈에 항거하는 농민들의 봉기(1861)가 실패로 끝난 후, 돌아오지 않은 가족들을 위하여 언덕에 십자가를 세우고 돌아오기를 기도했다고 한다. 요즘에는 주로 관광객들이 돌아가신 분들을 기리며 다양한 크기의 십자가를 언덕에 세우고 있다. 십자가는 죽음을 뜻하는 상징이 아니라 영원한 희망의 상징이라 한다. 여기에 있는 수많은 십자가 각각이 돌아가신 분의 마음이 담겼다고 생각을 해보았다. 오래전 그리스에서는 전쟁에서 승전 후에 귀환하는 의기양양한 병사들에게 "메멘토 모리(Memento Mori, 죽음을 기억하라)" 라는 구호를 외치게 하였다. 이것은 자연의 섭리인 너는 반드시 죽을 것을 기억하라는 뜻이다.

지호 책상 위에 있는 까만 반짝이는 조약돌은 항상 변화가 없이 예전부터 지금까지 같은 모양과 크기를 가지고 있었을까? 이 조약돌도 수억 년 동안 다양한 변화를 겪고 지금의 모양과 크기를 가지고 있는

그림 3. 리투아니아의 십자가언덕

것이다. 지구의 지각이 형성된 것이 약 38억 년 전으로 알려져 있다. 지질시대 지각이 형성된 전부터 역사시대가 시작된 1만 년 전까지 다양한 지질시대를 거쳤다. 오랜 선캄브리아대를 지나서 약 5억 7천만 년 전에 삼엽충이 번성한 고생대가 시작되었고, 그다음 약 2억 4천만 년 전에 중생대가 시작되며 파충류 종류인 공룡이 살게 되었다. 중생대 말기에 공룡 등이 멸망하고 소철 은행나무와 같은 겉씨식물이 번성했다. 약 6천5백만 년 전부터 1만 년 전까지의 신생대에는 초원이 형성되고 포유류와 단풍나무 사과나무 등의 속씨식물이 번성하였다. 지호 책상에 있는 까만 조약돌도 다양한 지각의 변화를 거치며 거대 대륙의 형성, 대륙의 분리, 대륙의 이동, 퇴적, 지각의 융기, 물 바람 등에 의한 침식과 마모를 거쳐서 만들어진 결과인 것이다. 암석은 다양한 외부 힘에 의하여 깨지고 쪼개지고 연마되어 자갈 형태가 되며 다시 부스러져 모래와 같은 분말 형태가 되며 아래 쪽으로 떠밀려 바닷가로 이동하며 많은 곳에서 도달한 모래들과 합쳐지고 압력을 받아 다시 큰 바위로 굳어진다. 바위는 다시 암석이 되고 계속변화가 일어나는 암석의 윤회 과정을 겪는 것이다.

세월이 지나감에 따라 지구 자연에 변화가 일어났듯이 인간도 얼마간 자연의 형상에 영향을 미쳤다. 인간은 기원전 수세기에 거대한 돌산을 부수어 수 미터 크기의 사각형 돌을 만들어 인간의 힘으로 긴

그림 4. 자연과 인간이 같이 만든 운주사의 돌부처

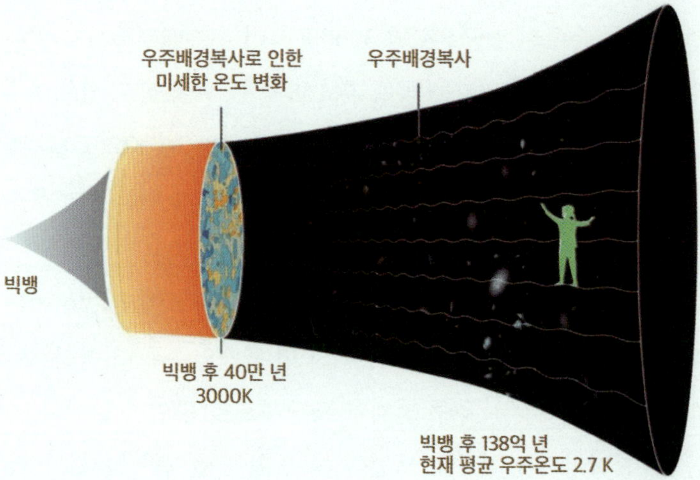

그림 5. 빅뱅 후 138억 년 동안 우주는 계속 팽창을 한다

거리를 이동시켜 피라미드를 쌓아서 무덤으로 사용하기도 했다. 그림 4는 전남 화순군에 있는 운주사에 있는 돌부처들이다. 이 절에는 현재 70개의 돌부처가 있다. 이 돌부처 뒤에는 두께 약 1미터 내외의 암석들이 층층이 놓여있다. 이 암석층은 다양한 지층 작용으로 만들어진 것이다. 우리의 선조들은 이 바위층의 하나를 떼어내어 돌부처를 제작하였을 것이다. 자연과 인간의 합작품으로 돌부처가 제작된 것이다.

잘 알려져 있듯이 우주에 존재하는 원소들을 포함한 모든 물질(무생물체, 생명체 포함)들은 138억 년 전 우주의 빅뱅과 함께 생성되었다. 그림 5에서는 노벨상 위원회가 제공한 것으로 1 cm^3 이하의 아주 작은 공간인 블랙홀에서 순간적인 폭발인 빅뱅이 일어나 시간이 지남에 따라 나팔관의 형태로 팽창해 나가는 것을 볼 수 있다. 빅뱅 후 40

만 년 후에는 우주의 평균온도가 3000 K이며 우주배경복사로 인한 온도의 변화가 보인다. 우리는 빅뱅 후 138억 년 후에 살고 있으며 우주는 그동안 계속 팽창하여 현재 우주의 평균온도는 2.7 K으로 냉각되어 있다. 정말로 끔찍하게 차가운 우주인 것이다. 현재 관측되는 우주 팽창 속도는 1메가파섹당 초속 약 70 km다. 즉, 관찰자로부터 1메가파섹(326만 광년) 떨어져 있는 물체는 약 초속 70 km의 속도로 멀어지는 것으로 보인다는 의미이다. 관찰자로부터 먼 물체일수록 더 빨리 멀어지는 것으로 보이는 것은 우주 전체가 팽창하므로 당연한 일이다. 여기서 "물체가 멀어지는 것으로 보인다"는 표현을 썼지만 실제로는 공간(우주 자체)이 팽창하는 것이다. 그래서 "멀어지는" 속도가 광속을 넘어설 수도 있다. "질량이 있는 물체는 빛보다 빠를 수 없다"고 생각할 수 있으나, 빛이 지나가는 공간 자체가 늘어나며 상대속도가 빨라지므로 물리법칙은 지켜지는 것이다.

그림 6은 우리가 밤하늘에서 볼 수 있는 거의 무한한 수의 별들을 보여주고 있다. 우리는 한 순간에 별을 관찰하지만 모든 별빛 하나 하나는 우리와 떨어진 거리만큼 다른 시간 동안에 이동하여 지금 한 개의 별빛들로 이미지를 만들어 우리에게 보여지는 것이다. 지금 관찰되는 별들의 사진에서 지구로부터 7억 8천만 km 거리에 있는 목성으로부터의 출발한 별빛은 약 2,500초 후 지구에 도달하며 먼 은하계로부터 수십 광년 떨어진 별은 수십 광년을 이동하여 지금 우리가 관찰한다. 밤하늘에서 관찰되는 별들의 이미지는 결국 현재가 아니라 우주 과거의 모습을 보여주는 것이다.

그림 6. 별로부터 모두 다른 시간 우리에게 별빛이 날아와서 현재 만들어지는 별빛 이미지

현재 존재하는 모든 물질은 빅뱅 이후 우주팽창이 계속되면서 새로운 별들의 탄생과 핵융합과 같은 별의 진화 과정에서 만들어진 별의 먼지로 만들어진 것이다. 따라서 무생물과 함께 모든 생명체 각각은 모든 우주의 역사를 기억하고 있다. 생명체의 특성을 확정하는 수소, 탄소, 질소, 산소, 황, 인 등으로 구성된 DNA의 구성성분 역시 빅뱅과 별들이 남겨놓은 먼지들의 조합이다. 재미있게도 인간의 특징, 즉 직립보행을 하는 신체적 특징과 기쁨과 슬픔, 사랑과 미움, 용기와 비겁

함, 측은지심과 폭력, 문제를 해결하는 능력과 어리석음 등의 복잡한 인간의 본성 등과 같은 정신적인 특징 모두 지난 45억 년의 생명진화를 통한 역사의 산물인 것이다. 이와 같이 모든 생명체는 별들이 남겨놓은 먼지들의 조합으로 탄생하며, 죽은 후에는 무질서하게 분해되어 별들이 남겨놓은 먼지와 같은 물질로 변하여 지구 위에 그리고 궁극적으로 우주로 흩어지는 것이다.

2

열역학과 평형

인류 최고의 물리학자 아인슈타인(Albert Einstein)은 많은 물리학 이론 중에서 열역학 이론은 절대로 변치 않고 다가올 미래에도 잘못된 이론으로 판정될 여지가 전혀 없는 이론이라고 기술하였다. 고전 열역학은 가정한 전제가 단순하고, 다양한 대상을 서로 연결하며 적용 범위가 넓은 이론이며, 우리가 가진 물리학 이론 중 유일하게 열역학은 항상 옳은 보편적인 결과를 얻는다. 이 책에서는 소재의 상변화 및 이에 수반되는 자연현상을 열역학을 이용하여 설명한다. 다음은 열역학의 기초를 쉽게 이해할 수 있는 기본적인 내용들이다.

앞에서 설명한 개구리 알과 까만 조약돌을 넣어둔 지호의 방이 완전 밀폐되어 방의 밖과 물질이나 열의 출입이 차단이 되어있다면, 우리는 이 방을 닫힌(closed) 공간이라 부른다. 이와는 반대로 지호 방의 창문과 문을 열어놓아 외부와의 물질이나 열의 이동을 자유롭게 한다면 이 방을 열린(open) 공간이라 부른다. 열역학에서는 공간의 개념을 보다 명확하게 정의하기 위하여 시스템(system)이라는 용어를 사용하는데 모든 공간은 닫힌 시스템과 열린 시스템으로 구분된다.

하나의 시스템에 존재하는 원자나 분자의 수를 몰(mole, 기호는

mol)로 표현하는 것이 편리하다. 모든 물질의 1 mol 안에는 원자질량 12그램의 탄소 C에 들어있는 원자수만큼의 입자(원자 또는 분자)가 들어있다. 카본 1 mol 안에는 6.022×10^{23}개의 원자가 들어있다. 16그램의 산소(O_2) 1 mol 안에는 6×10^{23}(정확히 6.022×10^{23})개의 분자가 들어있다. 19세기 이탈리아의 과학자 아보가드로(Amedeo Avogadro)는 1 mol에 들어있는 입자(원자 또는 분자) 수를 아보가드로 수 $N_A = 6 \times 10^{23}$ 로 정하였다. 따라서 하나의 시스템에 N 개의 입자가 존재하면 이 n 시스템의 mol 수는 $n = N / N_A$이다. 18그램인 1 mol의 물에는 6×10^{23}개의 물 분자가, 그리고 1 mol의 탁구공에는 6×10^{23}개의 탁구공이 존재하는 것이다. 탁구공의 크기는 지름이 40 mm이므로, 길이 1 m에 25개, 1 m^2에 625개의 탁구공이 놓여진다. 우리나라 총면적이 100,210 km^2(약 1×10^{11} m^2)이므로, 우리나라를 탁구공으로 모두 덮는 데 약 10^{-10} mol의 탁구공이면 충분하다.

분자 간의 인력이나 척력이 작용하지 않는 1 mol의 이상기체(ideal gas)는 온도 $T = 0$ °C 대기압인 $P = 1$ atm에서 22.4 L의 부피를 가진다. 이상기체는 독립변수 압력 P, 부피 V, 온도 T 사이에는 상태방정식 $PV = nRT$을 만족한다. 이상기체 $n = 1$ mol일 때 $P = 1$ atm = 101300 pa = 101300 N/m^2, $V = 22.4$ L = 22.4/1000 m^3, $T = 273$ K을 상태방정식에 대입하면 $R = 8.31$ J/mol·K이 얻어진다. 즉 1 mol을 온도 1 K을 올리는 데에는 8.31 J의 에너지가 필요하다는 것이다. 1 mol의 물의 부피 0.018 L와 비교하면 같은 1 mol 의 기체 22.4 L는 1244배 이상의 부피를 가진다. 그런데 액체 물의 부피는 고체 얼음의 부피에 비하여 작은 특징을 가진다. 따라서 얼음에 압력을 가하면 물이 생성이 된다. 이것은 얼음과 물만의 유일한 특성으로 물을 제외한 모든 물질은 고체상은 액체상에 비하여 밀도가 높다.

뜨거운 커피가 담겨있는 커피잔을 차가운 손으로 잡으면 따뜻한 느낌이 온다. 눈으로 보면 커피잔도 손도 그대로 있지만 분명히 변화는 일어난 것이다. 뜨거운 커피잔으로부터 차가운 손으로는 열 q가 흘러간 것이다. 열 q의 SI 단위는 J(joule)이다. 일 w, 운동 에너지, 퍼텐셜 에너지도 똑같은 단위로 측정된다. 뜨거운 곳에서 차가운 곳으로 흐르는 열 q는 두 물체의 내부에너지 E(internal energy) 차이에 의하여 일어난다. 물질의 내부에너지는 분자의 마구잡이 운동에 의한 분자의 운동에너지와 분자의 퍼텐셜 에너지의 합이다. 액체와 고체 내에서는 존재하는 원자나 분자의 원자 진동에 의하여 운동에너지가 얻어지며 액체와 기체 내에 존재하는 원자들 사이의 상호작용 또는 결합에 의하여 퍼텐셜 에너지가 얻어진다. 한 시스템의 열함량은 엔탈피(enthalpy) H이다. H는 $H = E + PV$ 로 정의된다. 고체와 액체의 문제를 공부하는 대부분의 소재과학 시스템에서는 PV는 E의 양에 비하여 아주 작기 때문에 $H \approx E$, 즉 엔탈피 H는 내부에너지 E 와 같다고 취급한다.

한참 더운 날 그늘 하나 없는 평양의 한 광장에서 집단으로 모여서 집회를 하는 그림 1을 보면, 여기에 모인 사람들은 구호를 외치면서 "규칙적"인 단결된 상태를 과시한다. 모두 자발적은 아니고 동원된 민간인들이 틀림없는데 그러나 몸 동작을 보면 "규칙적"인 오른팔을 들

그림 1. 평양시 광장에서 군중집회

어 올리는 같은 동작을 하면서 서로의 동질성을 맞추고 있다. 집회에 참석한 각 사람들의 얼굴을 보면, 가볍게 미소 짓거나 짜증내는 표정이 없이 모두 "규칙적"으로 완전히 감정이 없는 듯한 무표정이다. 집회가 끝나면 이 사람들은 각각 자기의 갈 곳을 향하여 "무질서"하게 다양한 표정을 보이면서 흩어져 갈 것이다. 물컵에 물을 담아놓으면 얼마 후 이 컵 속의 물은 수증기로 증발을 하여 공기 속으로 "무질서"하게 흩어진다. 그림에서 집회에 참석한 사람들은 규칙적으로 모이고, 동작하며, 무표정하지만 이것은 자연스러운 것이 절대 아니고 강제적인 외부 힘에 작용하여 억지로 "기계식 연기"를 하는 것이 아닐까 생각된다. 자연에 존재하는 모든 것들은 궁극적으로 "무질서"하게 흩어져 자유로워지려는 특성을 가진다. 열역학에서는 이 무질서의 정도를 엔트로피 S로 정의한다. 자연의 모든 현상은 엔트로피 S를 증가시키는 방향으로 일어나는 것이다. 물론 1장에서 볼 수 있었던 빅뱅 이후 우주팽창도 엔트로피 S를 증가시킨다.

지호의 어항을 하나의 닫힌 시스템으로 생각하자. 여기에 올챙이 알을 놓아두면 개구리 알은 순간마다 변화한다. 이 시스템에서는 계속해서 엔트로피 S가 증가하는 방향으로 변화가 일어나고 있다. 닫힌 시스템인 지호의 어항에 까만 조약돌만 넣어두어 조약돌 자체의 물리화학적 변화가 없고 동일한 형태를 영원히 유지한다면, 우리는 조약돌이 평형(equilibrium)에 있다고 정의한다. 즉 평형에 있는 물체는 무한대의 시간까지 아무런 변화도 일어나지 않는다. 만약 1년 동안의 시간이 지나면서 까만 조약돌 표면이 회색으로 변화한다면, 이 조약돌은 평형에 있는 것은 아니다.

그림 2. 깁스(Josiah Willard Gibbs, 1839-1903)

평형을 열역학적으로 정의하기 위하여 그림 2의 깁스(Gibbs, 1839-1903)라는 미국 물리학자는 자유에너지를 $G = H - TS$로 정의하였다. 깁스는 1863년 예일대학에서 박사 학위 논문 〈스퍼 기어 회전체의 기아 톱니 형태에 대하여(On the form of the teeth of wheels in spur gearing)〉를 제출하여 학위를 받았다. 물리화학 분야에서 역사상 세계 최고 학자인 깁스가 기계공학 분야의 학위논문을 작성하였다는 것은 무척 흥미로운 것이다. 융합이 강조되는 현재의 학문 추세와 일치하는 것이 아닐까 생각된다.

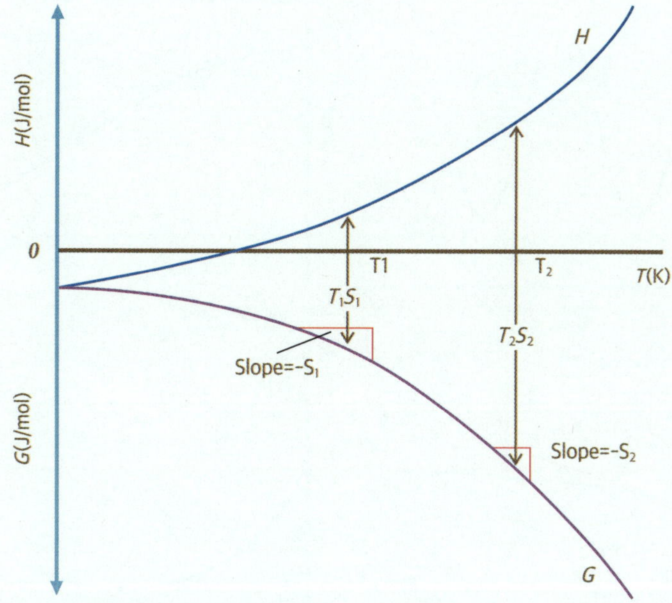

그림 3. $G = H - TS$의 온도 T 의존성

한 시스템에서 여러 개의 상(phase)이 같이 공존할 때 최솟값의 G가 얻어지는 상이 평형상으로 얻어진다. G에 미치는 H와 TS를의 역할을 살펴보자. 그림 3에서 볼 수 있듯이 낮은 온도 T_1에서는 TS 항이 작아 H 항이 G를 지배하고, 높은 온도 T_2에서는 TS 항이 커져서 G를 지배하는 것이다. 온도 T가 높을수록 기체/액체에서 원자 이동이 활발하고 이동의 자유도가 증가하므로 엔트로피 S가 증가하여 고체상에 비하여 낮은 G를 갖는 기체/액체가 평형상으로 존재한다. 낮은 온도일수록 엔트로피 S가 작고 원자 사이의 결합력이 높아 큰 음의 값을 가지는 내부에너지 $E(\approx H)$가 얻어지는 고체상이 기체/액체에 비하여 낮은 G를 갖게 되어 평형상으로 존재하는 것이다.

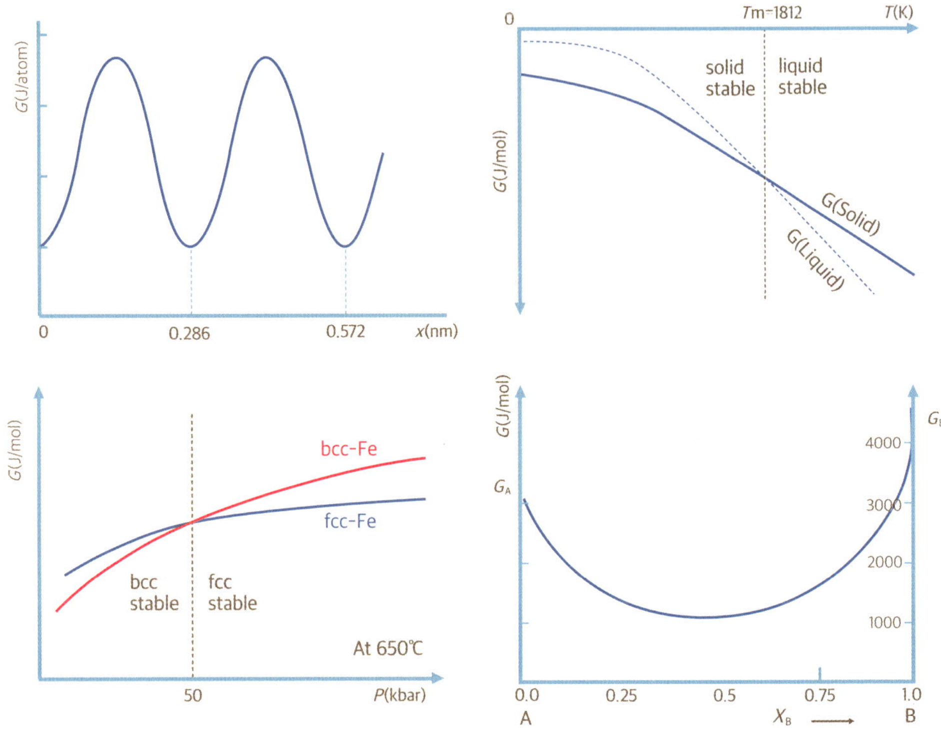

그림 4. 독립변수 (a) 위치 *x*, (b) 온도 *T*, (c) 압력 *P*, (d) 조성 *C*에 의존하는 자유에너지 *G*-곡선

깁스 자유에너지 *G*에 미치는 이런 독립변수들의 영향을 간단히 알아보자. 먼저 첫 그림 4(a)는 철 결정에서 일정 온도와 압력(예 25 ℃, 1 atm)일 때 일정한 결정방향에서 거리 *x*에 따른 깁스 자유에너지 *G*의 변화곡선이다. 여기서는 원자 사이의 거리 *x*가 0.286 nm일 때 *G*의 최솟값이 반복적으로 얻어지는 것이 보인다. 이렇게 규칙적으로 정확한 원자의 위치에서 *G*의 최솟값이 반복적으로 존재하면, 이것이 평형 상태에 있는 고체 결정의 원자배열을 알려준다. 평형 위치에 놓인 원자에서는 수학적으로 최솟값이 얻어져 dG = 0이 성립한다.

우리가 사는 일정한 대기압 1 atm에서 온도 T가 증가할수록 한 시스템에 존재하는 모든 상들의 자유에너지 G는 감소하게 된다. 다음 그림 4(b)에서는 온도 T에 따른 고체 철과 액체 철의 G의 변화곡선을 보여준다. 철의 용융점인 T_m = 1812 K에서는 G가 같아 고체 철과 액체 철이 평행에 있으며 이 온도 이하에서는 고체철이 그리고 T_m 이상에서는 액체 철의 G가 낮아서 평형상에 있음을 보인다.

다음의 그림 4(c)에서는 일정 온도 650 ℃에서 압력 P이 높아짐에 따라 bcc-Fe와 fcc-Fe의 자유에너지 G가 점차 증가하는 것을 보여준다. 50 kbar 이하에서 fcc-Fe에 비하여 bcc-Fe의 자유에너지 G가 낮아 bcc-Fe가 안정한 평형상이고, 50 kbar 이상의 높은 압력에서는 fcc-Fe의 G가 낮아서 밀도가 높은 fcc-Fe가 안정한 평형상인 것을 알 수 있다.

A 원자와 B 원자가 섞여있는 합금에서는 온도와 압력이 일정할 때 자유에너지 G는 조성 X에 의해서 변화한다. 마지막 그림 4(d)는 모든 조성에서 완전 고용체를 만드는 Au와 Ag 같은 2원계 합금에서 온도와 압력이 일정할 때 조성 X에 따른 G의 변화곡선이다. G_A와 G_B는 순수한 A와 B의 자유에너지 G인데 합금이 되면서 점차 G가 낮아져서 조성 $X_A = X_B = 0.5$ 근처에서 최저 G값으로 접근하는 것을 보여준다. 이와 같이 깁스자유에너지 G는 시스템의 독립변수인 원자의 위치 x, 압력 P, 온도 T, 조성 X 등에 의하여 변화한다. 다음 장에서는 이런 독립변수들에 대하여 자세히 이야기할 것이다.

3

압력

열역학 독립변수 압력 *P*는 단위면적 *A*에 수직으로 작용하는 힘 *F*의 크기로 *F*를 *A*로 나누면 *P*가 얻어진다. 압력의 SI 단위는 N/m^2 = pascal(Pa)이다. 즉 1 m^2의 면적에 1 N(newton, 1kg·m/s^2)의 힘이 수직방향으로 작용할 때 1 Pa의 압력이 작용하는 것이다. 철이나 알루미늄 같은 금속 재료는 수십 또는 수백 MPa의 압력이 가해져야 원래의 형태를 잃어버리고 새로운 형태로 변형되는 영구변형이 일어난다. 1 MPa = 10^6 Pa = 0.1 kgf/mm^2이다. 인천대교와 같은 철선으로 긴 다리의 무게를 지탱해 주는 사장교에 사용되는 철선은 수십 GPa = 10^9 Pa 압력에서도 영구변형을 하지 않는 아주 단단하고 강한 재료가 사용된다.

압력 $P = F/A$이기 때문에 일정한 힘 $F = 1$ N의 힘이 작용할 때 압력의 크기에는 면적 *A*가 중요한 역할을 한다. 면적이 1 m^2면 1 Pa의 압력이 얻어진다. 그런데 만약 직경 1 mm의 면적(0.785 mm^2 = 0. 785×10^{-6} m^2)에 1 N의 힘이 작용하면 이 면적에 무려 1.27×10^6 Pa = 1.27 MPa의 압력이 작용하는 것이다.

인류는 오래전부터 날카로운 곳에서 높은 압력이 얻어지는 것을 알아내어 단단한 사슴 뿔이나 동물 뼈를 가공하여 그림 1의 뼈바늘(골

그림 1. 뼈바늘(국립중앙박물관)

그림 2. 싱어(Singer) 재봉틀

침)을 만들기 시작하였다. 바늘은 바늘 끝의 높은 압력을 이용하여 옷을 꿰맬 수 있는 인류가 만들어낸 정말 위대한 발명품이다. 바느질을 할 수 있어 인류는 선사 시대부터 다양한 기능의 옷을 만들어 입게 된 것이다. 의식주(衣食住)는 사람이 생활하는 데 기본이 되는 옷과 음식과 집을 말한다. 옷은 그만큼 인간에게 중요한 것이다. 오래전부터 우리 선조들은 누구나 옷을 입고 살았었다. 그럼 어떻게 그들은 옷을 만들어 입었을까? 한 벌의 옷은 엄청난 바느질 작업을 해서 만들어졌을 것이다. 우리의 어머니와 누이들은 정말로 오랜 시간 손바느질 작업을 해서 식구들의 옷을 만들었을 것이다. 바느질 작업은 약 150년 전에 재봉틀의 보급으로 대부분 대체되었다. 그림 2는 가정용 빈티지 싱어 재봉틀을 보여주는데, 1851년 미국의 아이작 싱어(Issac Singer)는 재봉틀 공장을 세워 현재에도 널리 사용하고 있는 싱어 재봉틀 대량 보급을 시작하였다. 그 당시 수작업으로 재봉하던 수입이 좋았던 많은 재단사들이 직업을 잃는다고 재봉틀의 보급을 결사적으로 반대하였다고 한다.

우리가 흔히 관습적으로 사용하는 압력의 단위는 기압(atm)으로 표준 대기압이다. 이것은 온도 0 ℃, 표준중력 980.66 cm/s^2일 때의 압력으로 우리는 지구 표면에서 평균적으로 1기압(1 atm)의 조건에서 살고 있다. 지구 표면에 존재하는 인간과 모든 생물에 가장 익숙하고 편안하게 느끼는 대기압이 1기압이다. 높은 곳으로 올라가면 공기의 밀도가 떨어져서 기압은 1000 m당 13~15%씩 감소한다. 해발 8000 m가 넘는 에베레스트산 위에서는 0.3 기압 정도이므로 일반적인 사람들은 공기가 적어 숨쉬기 어렵다.

우리가 1 m 정도의 물속으로 잠수하면 먼저 귀가 답답해지는 것을 느낄 수 있는데, 이것은 대기압과 함께 물의 무게가 수압으로 작용하기 때문이다. 물의 깊이에 비례하여 수압은 증가한다. 물 10 m의 수압 P_w는 물의 밀도 ρ, 중력가속도 g, 물의 깊이 h의 곱으로 $P_w = \rho \cdot g \cdot h = 1{,}000\ kg/m^3 \cdot 9.8\ m/s^2 \cdot 10\ m \approx 100{,}000\ N = 0.1\ Mpa$으로 약 1기압이다. 따라서 수심 10 m마다 1기압씩 증가한다. 수심 3,700 m에 침몰해 가라앉은 타이태닉호(Titanic)를 관광하고자 각자 25만 달러의 돈을 지불하고 타이탄(Titan) 잠수정을 타고 잠수했다가 얼마 전에 내파되었다고 한다. 내파(implosion)는 폭발(explosion)이 내부 쪽으로 일어난 것을 뜻한다. 미 해군은 이 사건을 소리로 감지하였다고 한다. 1기압은 약 1 kg/cm^2에 해당하므로 3,700 m의 깊이에서는 370기압, 즉 수압이 370 kg/cm^2이다. 1 cm^2 면적에 2 L 용량의 생수 6병 묶음 30개의 무게가 작용하는 압력이다. 분명히 1 cm^2 면적에 370 kg을 견디기 위한 소재의 선택과 잠수정의 설계에 문제가 있었을 것이다. 높이 555 m,

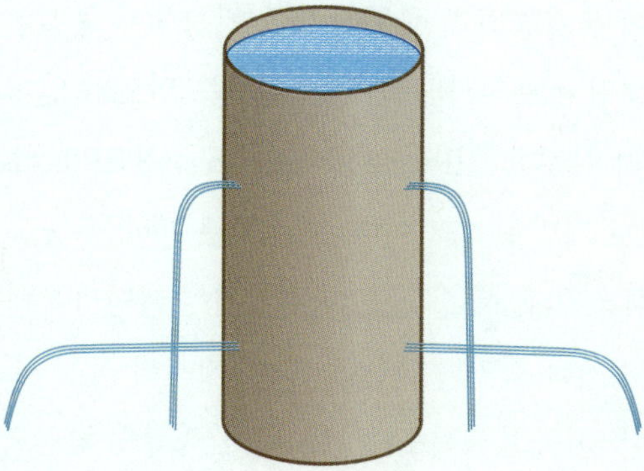

그림 3. 정수압(hydrostatic pressure)

123층의 롯데타워 같은 고층빌딩에서 수도관을 직립으로 세우면 1층에서 수돗물의 압력은 55기압이다. 엄청난 수압으로 많은 문제가 있을 것이다. 이것을 조절하기 위하여 빌딩을 몇 개의 구역(zone)으로 나누어 급수하는 방식을 사용한다고 한다.

물과 같은 유체 안에서 작용하는 압력은 정수압(hydrostatic pressure)이다. 수직압력 σ는 힘이 작용하는 방향에 수직한 면에서만 작용하지만, 정수압은 모든 방향에서 같은 압력 σ_h가 작용한다. 그림 3과 같이 물통에 물을 가득 채우고 물통의 중간과 밑에 구멍을 만들어 물이 새어 나오게 하면 물통의 물 깊이에 비례하여 배출하는 물의 압력이 결정되며 같은 물 깊이에서는 구멍의 크기나 위치에 관계없이 같은 압력으로 물이 나온다. 일반적인 분말공정에서 금속 분말은 소성변형이 가능하기 때문에 1방향의 수직압력 σ에 의하여 압축된 후에 환원분위기에서 소결하여 다양한 부품으로 사용될 수 있다. 하지만 세라믹 분말은 소성가공이 불가능하기 때문에 모든 방향에서 동일한 압축압력이 작용하는 정수압 σ_h으로 압축되어야 원하는 밀도가 얻어지며 소결하여 부품으로 사용된다. CIP(cold isostatic press), HIP(hot isostatic press)가 이런 용도로 개발된 기기이다. 정수압은 기계 부품을 작동시키는 동력으로도 사용된다. 예를 들면, 비행기에서 랜딩기어를 작동시킬 때나 날개를 펼치거나 접거나 하는 등 모든 기계의 작동 시 정수압인 유압을 이용한다. 자동차에서도 전기모터가 직접 동력원으로 사용되지 않는 부품에는 유압시스템이 동력원으로 작동하고 있다.

압력은 용도에 따라 다양한 단위로 사용되고 있다. 1기압 1 atm = 101325 Pa = 1013.25 hPa(헥토파스칼)이다. 낮은 압력에는 토르(torr)가 사용되는데 1 torr = 1 mmHg이고 1 torr = 1/760 atm다. 얼마 전까지도 사용하던 그림 4의 수은 혈압계에서는 수은 기둥의 높이를 이용하여 혈압을 측정하였다. 혈압을 측정해서 120/80이 얻어졌다면, 심장이 수축할 때 혈관에 가해지는 압력이 120 mmHg, 심장이 이완할 때 혈관에 가해지는 압력이 80 mmHg인 것이다. 120 mm(12 cm)의 수은 기둥이 만드는 압력이 120 mmHg인데 이것은 0.157기압, 80 mmHg는 0.105기압이다. 우리 인체 중에서 눈에서 측정되는 압력인 안압은 매우 중요하다. 눈에는 각막과 수정체 사이를 채우고 있는 투명한 액체가 정상적으로 생성되고 배출되면 안압이 정상으로 유지된다. 성인의 정상 안압은 10~20 mmHg이다. 안압측정기(Air-puff tonometer)는 소형 노즐을 통해 일정 거리에 떨어져 위치한 사람 눈 각막으로 공압을 분사시켜 각막을 변형시키고, 공압 크기에 따른 각막의 변형량을 레이

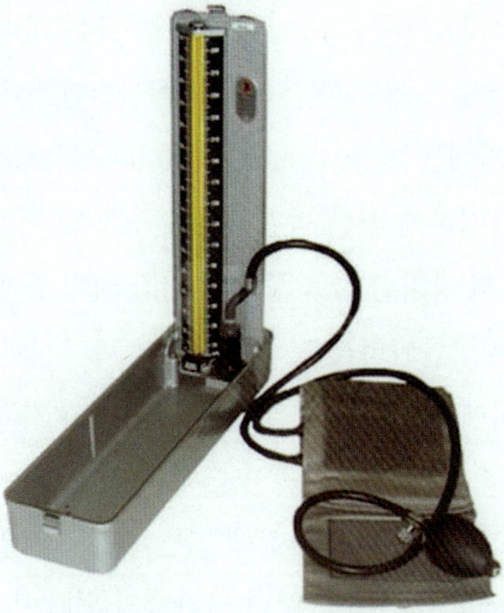

그림 4.
수은 혈압측정기

저를 통해 측정하여 안압을 측정한다. 안압이 높으면 시신경의 손상에 의한 녹내장과 시력저하가 올 수 있으므로 특히 당뇨병 등의 질환을 가진 성인은 정기적인 진단이 꼭 필요한 것이다.

압력 차이를 우리 생활에 이용하는 예로 최근에 우리에게 알려진 음압병동을 생각해 보자. 음압병동은 병실 내부의 공기가 외부로 퍼지는 것을 차단하는 기압조절 장치가 설치된 병동이다. 여기서는 병실 내부의 공기압을 외부보다 약 -10 Pa 정도 낮추어, 바깥 공기만 조금씩 안으로 들어오게 하고 내부의 공기는 바깥으로 나가지 못하게 차단한다. 바람이 고기압에서 저기압으로 부는 것과 같은 원리다. 음압병동은 코로나를 포함해 결핵, 홍역 등 공기를 매개로 하는 감염병 확산을 막고 그 내부에서 중환자를 치료하는 필수시설이다.

우리가 사는 지구 표면의 대기에는 대략 질소 78%, 산소 21%, 아르곤 0.9% 그리고 아주 약간의 이산화탄소와 수증기 등을 포함하고 있다. 대기에는 이산화탄소가 약 0.035%(400~500 ppm) 정도 존재한다. 현재 산업화에 의한 석탄, 석유, 가스 등의 화석연료의 과다한 사용과 축산물의 과다한 사육 등으로 점점 대기 중에 온난화 가스가 증가하고 있다. 지구온난화는 지구의 환경을 파괴시켜 인류를 비롯한 모든 생명체의 미래를 위협하고 있다. 자동차 비행기와 같은 화석연료를 엔진의 동력원으로 사용하는 운송수단의 배기가스는 물론 지구 온난화 가스이다. 그림 5의 작은 목장에 있는 수십 마리의 소들이 평화롭고 맛있게 사료를 먹고 있다. 그런데 인간들의 위하여 사육되는 소 한 마리가 트림으로 발생시키는 메탄가스는 매일 400리터 정도로 자동차 한 대가 배출하는 온난화 가스와 비슷한 양이다. 메탄가스가 대기 중에서 열

그림 5. 소를 키우는 작은 목장

기를 가두는 능력은 이산화탄소의 최대 80배 정도로 알려져 있다. 따라서 20마리의 소는 20대의 내연기관 자동차와 거의 같은 양의 온난화 가스를 지구 위에 내보내고 있다. 2021년 호주의 인구는 2,569만 명 정도인데, 호주에는 약 2,850만 마리의 소가 있다고 한다. 엄청난 양의 메탄가스가 푸른 초원에서 나오는 것을 알 수 있다. 이 소들이 만드는 온난화 가스의 양이 같은 수의 자동차가 뿜어내는 배기가스와 동일한 양이라니 목축업은 좋은 미래산업이 아닌 것이 틀림없다. 요즈음은 사료에 특수약품을 넣어 가축의 트림과 같은 가스배출을 억제하는 방법도 시도되고 있다.

최근에 탄소 배출을 최소화하여 온난화를 막아보고자, 건물의 외부와 내부를 차단시켜 이산화탄소와 같은 온난화 가스 배출 없이 건물이 소비하는 열에너지의 손실을 최소화하는 패시브 하우스가 북유럽을 시작하여 최근에는 우리나라에도 많이 건설되고 있다. 독일 헤센주의 프랑크푸르트는 2009년부터 패시브 하우스 공법을 사용하는 건물만 건축허가를 내주고 있다. 패시브 하우스란 별도의 공기 재순환 장치 없이 신선한 공기를 가열이나 후 냉각을 통해 스스로 열 쾌적을 유지할 수 있는 건물을 의미한다. 열 쾌적이란 인체가 처해있는 온도를 쾌적하게 느끼는 상태를 뜻한다.

액티브 하우스가 태양열 등의 외부 에너지를 능동적으로 활용하는 반면, 패시브 하우스는 단열 시스템을 통해 에너지 사용량을 최소화하여 에너지 사용에 소극적이다. 햇볕과 함께 사람이나 TV 또는 냉장

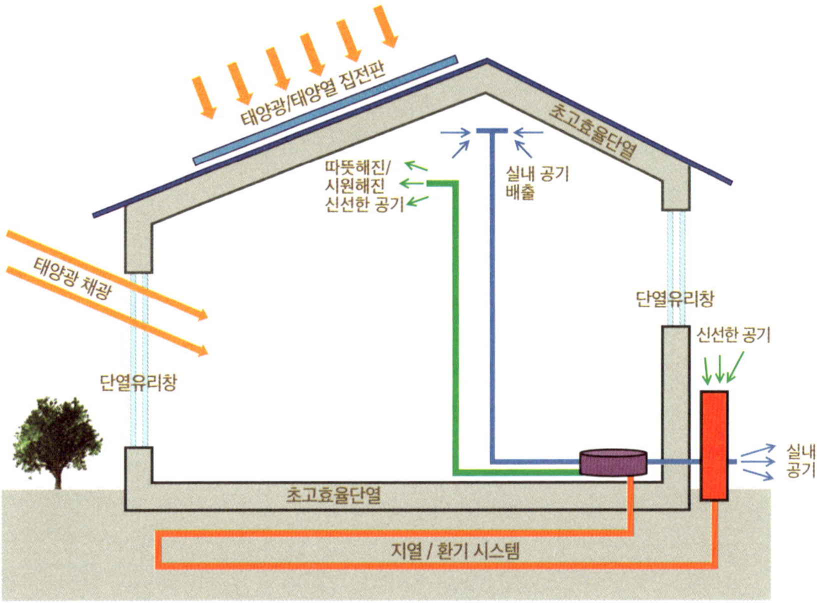

그림 6. 패시브+액티브 하우스의 원리

고와 같은 가전제품으로부터 발생하는 열 또한 패시브 하우스의 자원에 포함된다. 패시브 하우스의 개략도가 그림 6에 있다. 여기서는 태양열 에너지 및 내부 열원의 활용과 함께 땅속의 냉온기를 이용하여 겨울에는 공기를 따뜻하게 여름에는 공기를 시원하게 바꾼 후 환기하는 장치를 사용하며 단열 시스템을 통해 쾌적한 실내 환경을 구축하는 시스템을 보여준다. 패시브 하우스의 단열재는 열의 손실을 막아 난방 에너지 사용을 줄이는 것이 주목적이지만, 여름에는 외부의 열을 차단하는 역할도 한다. 패시브 하우스는 열차단과 함께 공기순환도 대부분 차단하는데 건강한 호흡을 위하여 이산화탄소 농도가 항상 1000 ppm을 초과하지 않는 적절한 환기 시스템을 필수적으로 갖추야 한다. 이

러한 패시브 건축에 태양열 에너지, 지열 에너지, 신재생 에너지 등을 적극적으로 활용하는 액티브 건축의 요소까지 더해지면 제로에너지 하우스를 구축할 수 있어 최근에 각광받고 있다.

패시브 하우스는 지구온난화를 막아주는 것과 동시에 비용 측면에서도 이점이 있다. 건축물이 지어지고 수명이 다할 때까지 꾸준히 지출되는 비용을 '생애주기 비용(Life Cycle Cost, LCC)'이라 하는데, 기획설계비, 건설 비용, 유지 관리 비용, 폐기 처분 비용 등이 포함된다. 패시브 하우스는 초기 투자비용은 비싸지만, 냉난방비가 일반 건축물의 1/10 이하로 지출되며, 기계 설비 등의 수명이 늘어나 유지 관리 비용이 상당히 절감된다.

우리가 일상생활에 항상 느끼고 있지는 않지만, 대기의 압력은 항상 변화하며 날씨에 영향을 미친다. 날씨가 맑은 고기압 상태에서는 상층의 공기가 위에서 아래로 하강하면서 지구의 자전력에 의하여 시계방향으로 공기가 발산한다. 공기의 하강으로 기온이 높아지며 수증기가 사라져 맑은 날씨가 된다. 이와는 반대로 저기압일 때 공기가 상승하면서 반시계방향으로 공기가 수렴한다. 즉 저기압의 중심으로 공기가 들어온다. 그래서 공기는 상승하면서 기온은 낮아지고 구름이 형성되어 비의 원인이 되는 것이다.

공기는 질소 78%와 산소 21%를 포함하고 있으며 부피 1 m^3에 들어있는 공기의 무게는 약 1.2 kg/m^3이다. 공기 속에 물 분자는 수증기로 존재하는데, 최대로 존재할 수 있는 수증기의 양을 포화수증기량이라 한다. 포화수증기량은 온도가 올라가면 증가하는데 40 ℃일 때 51.1 g/m³이다. 따라서 수증기를 포함하는 공기는 마른 공기에 비하여 가볍기 때문에 대기의 공기에 수증기가 많아지면 기압이 감소하여 저기압이 발생한다.

그림 7은 남쪽에서 우리나라 쪽으로 태풍이 진행할 때 등압선의 분포를 기상도로 보여준다. 이 태풍은 2020년 9월에 발생한 태풍 10호 "하이선"인데 중심부에는 920 hPa의 아주 낮은 저기압이 자리잡고 있으며, 기상도에 점선으로 표시되어 있는 태풍 중심부의 70%의 영향력을 가지는 영역의 크기가 거대하여 우리나라 남해안까지 미치고 있음을 알 수 있다. 거대한 저기압 덩어리인 태풍이 발생하는 과정을 보면 적도 부근의 뜨거운 태양열이 바다물을 가열하여 빠른 속도로 많은 수증기를 만들면 기압이 급격히 낮아지면서 낮은 저기압이 발생한다. 저기압이 공기 덩어리가 상승하면서 반시계방향으로 빠르게 회전함에 따라 많은 비와 함께 빠른 속도의 바람이 형성되는 것이다. 하이선의 구름 사진에서 중심부에는 태풍의 눈이 뚜렷하게 보이며 넓은 범위의 구름이 반시계방향으로 회전하고 있다.

제10호 태풍 하이선은 먼저 일본 남부 규슈 지역을 강타했다. 일본 기상청의 통계 작성 이후 최대 기록인 초속 59.4 m(시속 213 km)의 순간풍속이 관측되었다고 한다. 일본을 거쳐 우리나라로 올라온 태풍은 수백 건의 시설피해를 발생시켰다. 월성 원자력발전소 2·3호기 터

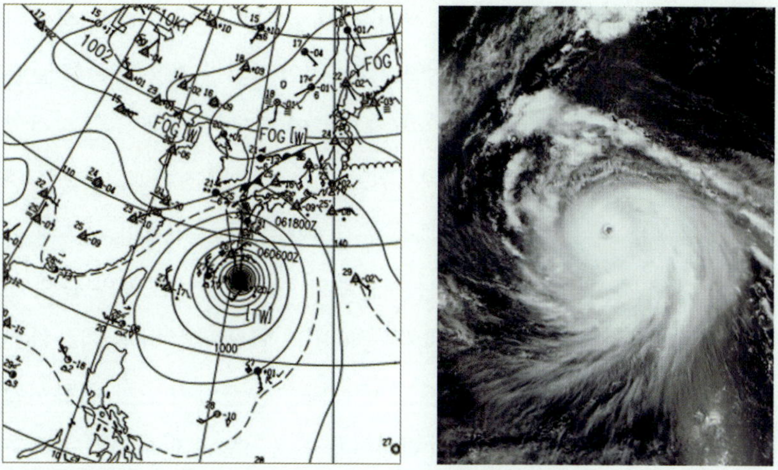

그림 7. 2020년 10호 태풍 하이선의 기상도와 구름사진(대한민국 기상청)

빈발전기가 차례로 정지되었다. 이 밖에 도로침수, 방파제 등 항만시설 파손, 사면 유실, 가로수 쓰러짐 등 다양한 공공시설 피해와 함께 주택 침수 파손, 어선 파손 침몰, 양식장 등에 막심한 피해가 일어났다. 또한 수십만 세대의 정전과 함께 도로와 철도 통제가 있었다. 이와 같이 1기압(1,013 hPa)로부터 단지 10% 낮은 압력인 920 hPa의 저기압 공기 덩어리가 발생되어도 무시무시한 위력을 가지는 태풍이 되어 인간의 생활과 자연환경을 완전히 바꾸는 것이다. 우리나라는 일년에 대략 10개 정도의 크고 작은 태풍의 영향을 받는다. 최근에는 바닷물 온도의 상승으로 급격한 초저기압이 발달하여 슈퍼태풍이 발생할 빈도가 점차 높아지고 있으며 이에 대한 대비가 필요한 실정이다. 태풍은 우리에게 큰 피해를 주지만 반면에 공기와 바닷물의 거대한 순환을 일으켜 태풍 후에 깨끗한 공기와 바닷물을 만들어주는 긍정적인 영향도 있다.

위에서 이야기한 몇 가지 예와 같이 압력은 우리 인간이 살아가는 데 꼭 고려해야 할 중요한 역할을 한다. 압력이 인간을 포함한 모든 동식물에 영향을 주듯이 압력은 무생명체인 모든 소재의 물성 변화에 중요한 변수로 작용한다. 따라서 우리가 소재를 제조할 때 압력을 변화시키는 것은 우리가 원하는 물성을 갖는 최적화된 소재의 제조에 필수적이다. 낮은 압력이 유지되는 진공체임버 내에서 반도체와 같은 대부분의 박막소재가 제조되는데, 진공체임버 안에서 증착될 기화가스의 압력을 조절함으로써 박막으로 증착되는 물질의 농도를 변화시킬 수 있다. 또한 증착될 물질의 압력변화를 연속적으로 변화시켜 두께층에 따라 물성이 전혀 다른 박막도 증착시킬 수 있다. 따라서 다층박막 반도체 등의 고기능성 박막재료를 제조할 때는 세심한 진공도와 압력 제어가 필수적이다. 그림 8은 조성, 두께, 계면의 거칠기가 다른 3개의 기능성 박막이 기지에 코팅된 형태를 보여준다.

그림 8. 3개의 기능성 박막이 입혀진 다층박막시료

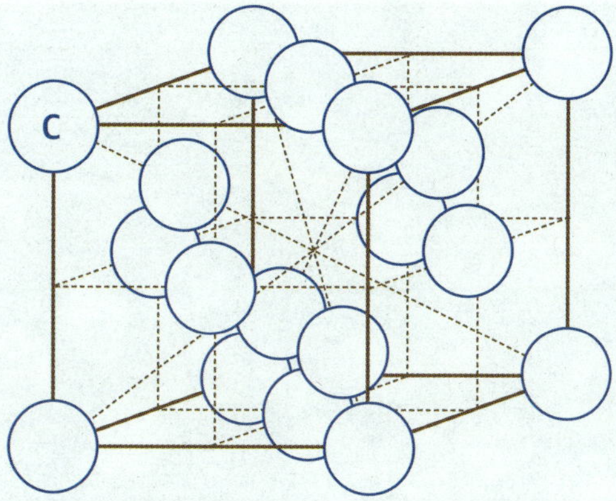

그림 9.
다이아몬드
결정구조의 단위포

다이아몬드는 하나의 탄소 원자가 다른 4개의 탄소 원자들과 수평, 수직으로 치밀하게 결합한 구조이다. 그림 9는 다이아몬드 결정의 단위포를 보여주는데 fcc 단위포 내부에 4개의 탄소 원자가 들어있는 구조로 모두 8개의 탄소원자가 단위포 안에 빽빽하게 들어있다. 다이아몬드는 결정 구조 자체가 어떠한 물질의 결정구조보다 가장 단단한 형태이다.

다이아몬드를 제조하는 가장 기본적인 방법은 흑연에 1400 ℃의 높은 온도와 55,000기압 이상의 압력을 가해 제조하는 고온 고압법이다. 대부분 천연 다이아몬드는 아주 깊은 지하에서 수억 년 동안 매우 높은 온도와 압력을 받아서 생성된다. 다이아몬드는 만들어지는 환경에 의하여 결정성장 되고 또 불순물이 거의 없는 깨끗한 보석용 다이아몬드가 얻어진다. 불순물이 없는 다이아몬드는 무색이며 투명하다. 불순물이 개입된 다이아몬드는 불순물의 특성에 따라 다양한 색을 가진다.

그림 10. 공업용 다이아몬드(Shinhandia.co.kr)

최근에는 랩그로운(Lab. Grown) 다이아몬드가 제조되어 시중에서 거래되고 있다. 이 랩그로운 다이아몬드는 모든 특성에서 천연 다이아몬드와 완전히 동일하며 오히려 결함이 더 적다고 알려져 있다. 약 6.5 mm 크기의 1캐럿(0.2그램) 천연 다이아몬드의 가격은 1,700만 원에서 1,000만 원 정도이나, 같은 크기의 랩그로운 다이아몬드는 약 150만 원 정도이다. 천연 다이아몬드를 채굴하기 위해서는 많은 에너지(탄소 소비)가 필요하지만 랩그로운 다이아몬드는 생산에 에너지가 적게 소모되어 친환경적인 보석으로 알려져 있다.

그림 10에서 보이는 공업용 다이아몬드는 대부분 결정성장이 방해를 받고 또한 불순물 개입에 의하여 제한된 크기의 다이아몬드가 제

조된다. 그런데 공업용 다이아몬드는 보석용 다이아몬드와 외관상으로는 다르지만 물리적, 화학적 성질은 동일하다. 현재는 공업용 다이아몬드를 이용한 많은 절삭공구가 아주 유용하게 사용되고 있다. 그 대표적인 예가 그림 11의 터널굴착기(tunnel boring machine, TBM)의 커터날에 공업용 다이아몬드를 사용하는 것이다. TBM은 수평으로 터널을 굴착하는 기계로 기계 앞에 달린 원판 모양의 톱니로 토양과 암반을 깎으면서 터널 구간을 만들기 때문에 발파 공법보다 진동 및 소음이 적은 장점이 있다. TBM의 크기는 터널의 크기와 같다. 그림의 왼쪽 밑에 있는 빨간 트럭과 비교하면 TBM이 얼마나 큰지 짐작할 수 있다. TBM에는 공업용 다이아몬드가 포함된 약 50개의 소모성 커터날이 사

그림 11. 김포-파주 간 고속국도 터널공사용 TBM

용된다. TBM은 길고 큰 터널 공사에 매우 유리한 공법이지만 공사 전에 모든 기계 부품을 지하로 운반하여 조립하고 또 공사 후에는 다시 지상으로 TBM을 옮겨야 하는 불편한 점이 있다.

그림 12는 온도가 650 °C로 일정할 때 순수물질 철이 존재하는 시스템에서 압력의 변화에 따른 서로 다른 결정구조를 가지는 bcc와 fcc 철의 자유에너지 *G*의 변화를 보여준다. 2개의 bcc(체심입방정) 철, fcc(면심입방정) 철을 각각 α-철 γ-철이라 한다. 그림에서 압력이 증가할수록 자유에너지 *G*는 점차 증가하는 것을 보여주는데 50 kbar 이하의 압력에서는 bcc인 α-철의 *G*가 fcc인 γ-철 *G*에 비하여 낮으며, 반대로 50 kbar 이상의 압력에서는 γ-철의 *G*가 더 낮게 얻어진다. 주어진 열역학적 조건에서 낮은 *G*를 가지는 상이 평형상이다.

그림 13은 bcc 철과 fcc 철의 원자를 구라고 가정하였을 때 조밀한 면을 보여준다. {110} 결정면이 bcc 철에서 하나의 조밀한 면이며 {111} 결정면이 fcc 철의 가장 조밀한 면이다. α-철과 γ-철의 원자충진율은 각각 68%와 74%이다. 따라서 50 kbar 이상의 높은 압력에서는 더 조밀한 fcc인 γ-철이 평형상인 것이다.

그림 14는 평형상들을 보여주는 철의 상태도(phase diagram)이다. 평형상태도는 일정한 압력 *P*와 일정한 온도 *T*에서 평형상이 무엇인지 보여준다. 예를 들면 일정한 압력 25 kbar이고 온도 400 °C일 때 α-철이, 압력 25 kbar이고 1000 °C일 때는 γ-철이, 압력 25 kbar이고

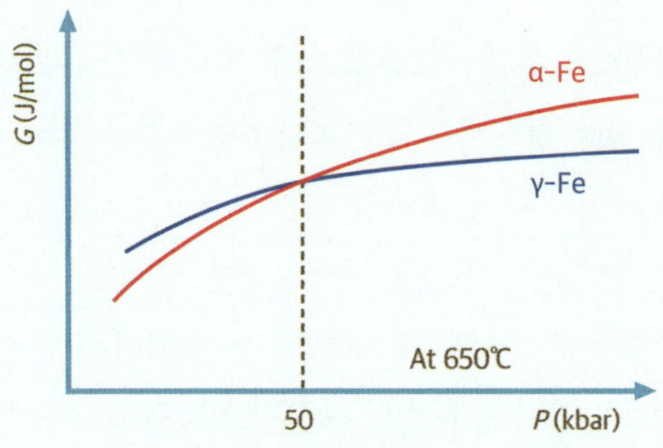

그림 12. 압력 *P*에 따른 α-Fe와 γ-Fe의 자유에너지 *G* 변화

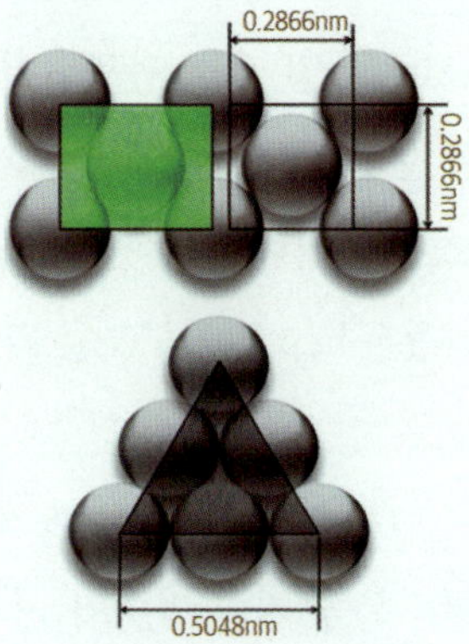

그림 13. α-Fe와 γ-Fe의 조밀결정면

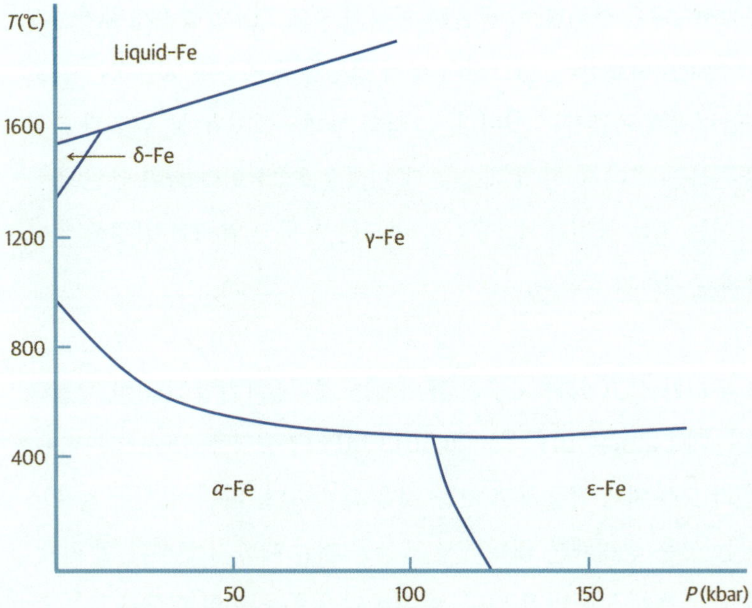

그림 14. 온도 *T*와 압력 *P*에 의존하는 철의 상태도

1800 ℃일 때는 액체철이 각각 평형상이다. 철의 상태도에 의하면 고체철에는 서로 결정구조가 다른 α-철, δ-철, γ-철, ε-철이 평형 결정상으로 존재한다. α-철, δ-철은 bcc 결정구조를 γ-철은 fcc 결정구조를 ε-철은 hcp 결정구조를 각각 가진다.

1기압에서는 1539 ℃ 이상에서 액체철로 존재하며, 압력이 증가할수록 γ-철의 범위가 커지면서 철의 용융점이 점진적으로 높아지는 것을 보여준다. α-철과 γ-철이 같이 존재하는 구역이 상태도에서 선으로 보여지는데 이 선 위에 놓인 압력 *P*와 온도 *T* 조건에서는 α-철과 γ-철의 자유에너지 *G*가 같은, 즉 2상이 평형에 있는 것을 의미한다. 상태도에서 2개의 상이 같이 공존하는 선의 온도 *T*는 압력 *P*가 증가하거나 감소하면 변화한다. 즉 2개의 상이 평형을 유지하며 공존하는 온도 *T*는 압력 *P*에 의존하는 것이다. 그림의 상태도에서 α-철, γ-철과 ε-철이 공존하는 곳이 딱 한 군데 있는데 이곳을 3중점이라 하며 단일 조성을 가지는 모든 물질에서 3중점을 만드는 온도와 압력은 일정하게 하나밖에 존재하지 않는다.

우리가 살고 있는 지구의 표면에는 대기압 1기압(atm)이 작용하고 있는데 1 atm은 1013 Pa = 0.1013 MPa의 수직응력(normal stress)이 우리 모두에게 작용하고 있는 것을 의미한다. 따라서 지구 지표면에 있는 모든 생명체는 태어나서 세상을 떠날 때까지 언제나 이 압력, 즉 수직 스트레스를 받고 있다. 아기들의 얼굴을 보면 피부가 모두 통통하며 탄력이 있다. 그림을 보면 스키장에서 강한 햇볕에 눈이 부셔

그림 15. 왕할아버지와 지호 군

서 눈을 아주 작게 뜨고 잔뜩 찡그리고 있는 8살의 지호 군의 얼굴은 피부에 주름이 없이 아주 팽팽하지만, 나이가 들어 노년기가 되면 대기압의 스트레스를 지속적으로 받아 94세의 왕할아버지와 같이 점차 얼굴에 주름이 생겨날 것이다. 그러므로 생물체가 나이를 먹으면서 얼굴이 변화하는 것은 비싼 화장품이 해결해 줄 수 없는 것으로 어쩔 수 없이 지속적인 대기압에서 살아가면 시간에 따라 진행되는 피부노화도 자연의 현상인 것이다.

아인슈타인은 중력은 시간의 흐름까지 변화하는 효과가 있음을 제시하였고, 실제 중력이 감소하면 시간이 느려지는 것으로 알려졌다.

지표에서 위쪽으로 멀어져 가면서 중력이 약해지기 때문에 지상 450 m에서는 하루에 10억 분의 1초가 느려지는 것을 실험적으로 확인할 수 있다. 물론 이때 사용하는 광격자시계의 정확성은 하루에 10억 분의 1초보다 훨씬 적은 오차를 가져야 한다. 1층과 지상으로부터 450 m 높이에 있는 도쿄타워에서 실험을 하였다. 똑같은 시계를 놓고 1000일 후에 시간을 확인하였더니 도쿄타워에 위에 있던 시계는 그 밑 지상에 있던 시계에 비하여 백만 분의 1초 느리게 가는 것을 실제로 측정할 수 있었다. 아무튼 인간이 천천히 늙어가려는 마음이 있으면 직장이나 가정에서 모두 스트레스, 즉 압력을 적게 받는 생활을 해야 할 것이다.

4

온도

자연에 존재하는 생명체와 무생물체 모두 열역학적 독립변수인 온도에 매우 정확하고 민감하게 반응을 한다. 봄, 여름, 가을, 겨울 즉 계절에 따라 동식물이 생겨나고, 성장하고 그리고 변화하는 것이 자연의 온도의존성이다. 컵 속에 들어있는 물은 0 ℃ 이하의 온도에서 고체상인 얼음으로, 0 ℃ 이상에서는 액체상인 물로, 100 ℃ 이상의 온도에서는 기체상인 수증기로 존재한다. 우리가 살고 있는 1기압에서 철원자는 1538 ℃ 이하의 온도에서 장범위의 규칙적인 원자배열을 가지는 결정질 고체 철로, 1538 ℃에서 2861 ℃ 사이의 온도에서는 원자의 배열에 단범위 규칙(short range order)만 존재하는 액체 철로, 2861 ℃ 이상의 온도에서는 원자가 자유롭게 운동하는 기체 철로 존재한다. 고체 철은 상온에서는 체심입방정(bcc) 결정구조, 약 723 ℃ 이상의 온도에서는 면심입방정(fcc) 결정구조 등의 여러 개의 고체 결정상을 가진다. 이와 같이 모든 소재는 온도에 의존하여 다양한 상(phase)으로 존재하며, 같은 물질이라도 상에 따라 기계적, 전기적, 광학적, 자기적, 물리적, 화학적 특성들이 변화한다. 따라서 우리가 의도적으로 제조하는 소재의 특성을 변화시키거나 원하는 대로 소재의 미세조직을 만드는데 온도는 중요한 하나의 변수이다.

형제인 지호와 수호는 따뜻한 물에 들어가 노는 것을 매우 좋아해서 집 앞에 있는 목욕탕을 놀이터 삼아 자주 찾아간다. 그림 1의 목욕탕에는 43 ℃의 열탕, 40 ℃의 온탕, 27 ℃의 중탕, 20 ℃의 냉탕이 마련되어 있다. 처음에 목욕탕에 들어온 사람은 무심코 27 ℃의 중탕에 쑥 들어가는데 “아 추워” 하며 금세 추위를 느끼고 온도계가 틀렸다고 생각하고 밖으로 나온다. 사실 온도계는 정확하다. 지호와 수호는 열탕과 냉탕에는 너무 뜨겁거나 너무 차가워 절대 들어가는 일이 없다. 이 형제들은 먼저 따뜻한 온탕에서 물놀이를 시작하는데, 이 형제는 온탕에서 5분 정도 놀고 나면 몸이 뜨거워져 옆에 있는 중탕으로 들어가 물놀이를 즐긴다. 그런데 중탕에서도 5분 정도 놀고 나면 추위를 느끼며 다시 온탕으로 자리를 옮긴다.

그림 1. 열탕, 온탕, 중탕, 냉탕이 있는 목욕탕

사람마다 차이는 있지만 정상인의 체온은 36.5 ℃ 내외이다. 따라서 자기 체온보다 3.5 ℃ 높은 온탕에 들어가 있으면 몸의 피부 온도가 점차 올라가면서 견디기 어렵게 되는 것이고 체온에 비하여 낮은 중탕에 들어가 있으면 피부의 온도가 점차 36.5 ℃ 이하로 내려가면서 추위를 느끼게 되는 것이다. 이렇게 사람의 몸은 온도에 민감하게 반응한다. 사람은 공기의 온도가 냉탕과 중탕 온도인 20 ℃, 27 ℃일 때 매우 쾌적하게 살 수 있고, 공기의 온도가 열탕과 온탕의 온도인 43 ℃, 40 ℃인 상태에서도 덥지만 그럭저럭 생활할 수 있다. 그런데 우리 몸이 공기의 온도에 비하여 물의 온도에 훨씬 더 민감한 것은 물로부터 피부로의 열전달이 빠르기 때문이다. 기온이 30 ℃를 넘는 무더운 여름 시원한 바닷물(~25 ℃)에서 수영을 하다가 몸이 식어 갑자기 심정지가 일어나는 원인을 쉽게 이해할 수 있다. 그림 2는 아이슬란드에서 찍은 빙하가 떠다니는 바닷물이다. 이런 물에 빠진다면 인간은 얼마 동안 견딜 수 있을까? 1912년 처녀항해(maiden voyage)에서 빙산과 충돌하여 1,800명을 목숨을 앗아간 타이태닉호(Titanic)의 침몰을 다룬 영화에서, 이 배가 침몰할 때 남자 주인공(레오나르도 디카프리오)는 여자 주인공이 탄 작은 부유물을 잡고 얼음이 둥둥 떠있는 바닷물에 떠서 수분 동안 명연기를 펼쳤지만 실제 상황이면 아마 수십 초를 견디기 어려울 것이다.

분자들의 평균 운동에너지는 절대온도(K)에 비례하는데, 운동에너지는 속도의 제곱에 비례하는 양이므로 결코 0보다 작아질 수 없다! 운동에너지가 0이 되는 온도가 절대온도 0 K이다. 그런데 0 K보다 낮은 온도 이하로 온도를 낮출 수 없는 이유는 운동에너지는 0보다 작은

그림 2. 북극해의 빙하

값을 절대로 가질 수 없기 때문이다. 절대온도 0 K는 온도가 도달할 수 없는 가장 낮은 값이다. 그럼 가장 높은 온도는 몇 도일까? 빅뱅 우주론에서는 우주의 모든 에너지가 한 점에 모여 있었다면, 온도가 10^{32} K 이상일 것으로 추정하고 있다. 참고로 태양 중심부의 온도는 15,000,000 K이며 압력은 2.65×10^{16} pa(약 2,650억 기압) 밀도는 150 g/cm^3으로 금의 밀도(19.3 g/cm^3)의 약 8배로 수소핵들이 융합 반응하기 충분한 조건이다. 태양 표면의 온도는 약 5,500 K 정도이다. 참고로 현재 우주의 평균온도는 단지 2.73 K 정도로 우리가 상상하는 것보다는 매우 차가운 공간이다. 물의 어는점 273.15 K, 끓는점 373.15 K의 차이가 100 K이므로, 우리는 물의 어는점 0 ℃과 끓는점 100 ℃를 이용하여 섭씨온도를 정의한다.

한 시스템의 열함량은 엔탈피 *H*이다. 그런데 한 시스템에서 일정 온도에서 *H*의 절댓값은 측정이 불가능하다. 그래서 열역학자들은 편의상 25 ℃(298 K)에서 평형상의 *H* 값을 0으로 정하였다. 그림 3은 이 가정을 이용하여 *H*가 온도에 따라 어떻게 변화하는지 보여준다. *H*는 0 K에서 음의 값을 가지는데 원자의 진동이 정지된 0 K에서 고체 원자의 결합에너지 즉 퍼텐셜 에너지가 음의 값을 가지기 때문이다. 온도가 높아지면 원자나 분자의 운동에너지가 증가하여 모든 시스템의 엔탈피 *H*는 온도가 증가할수록 증가한다.

그림 3은 온도 *T* 의존하여 변화하는 엔탈피 *H*, 비열 C_P, 엔트로피 *S*의 변화를 보여준다. 일정 압력 조건에서 비열(specific heat) C_P은 온도 변화에 따른 *H*의 곡선에서 기울기이다. 비열 C_P은 1 kg의 물질의 온도를 1 K 올리는 데 필요한 열량(에너지)를 말하며 단위는 J/kg·K이다. 1 kg의 물 온도를 14.5 ℃에서 15.5 ℃로 올리는 데 필요한 열량은 4,186 J이며, 따라서 물의 비열은 4,186 J/kg·K이다. 참고로 4,186 J은 1칼로리(cal) 이다. 비열은 물질의 구조에 의존한다. 참고로 고체 구리의 비열은 387 J/kg·K이다. 따라서 구리는 물보다 훨씬 쉽게 뜨거워지거나 차가워진다. C_P는 0 K에서 0이며 온도가 상승할수록 큰 값의 C_P가 얻어진다. 원자나 분자의 운동이 정지된 절대온도 0 K에서 무질서의 척도인 엔트로피 *S*는 0의 값을 가진다. 즉 모든 것이 정지된 0 K이므로 어떠한 무질서와 자유도 존재하지 않는다. 열역학에서 무질서의 척도인 엔트로피 *S*는 온도가 높아질수록 당연히 점차 증가한다.

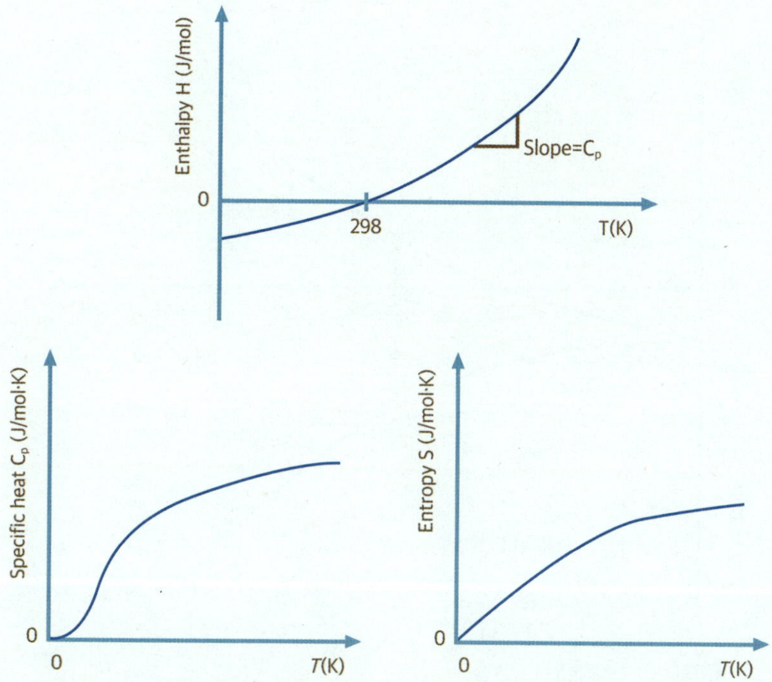

그림 3. 온도 T에 의존하여 변화하는 H, C_p, S

앞에서 설명한 것과 같이 평형을 열역학적으로 정의하기 위하여 깁스(Gibbs)는 깁스 자유에너지 G를 $G = H - TS$로 정의하였다. 따라서 온도에 따른 H와 S를 이용하여 우리는 그림 4와 같이 온도에 따라 변화하는 G를 얻을 수 있다. 각 온도의 H 값에서 TS를 빼면 우리는 G를 얻는다. 온도의 변화에 따른 G 곡선의 기울기는 S이다. 0 K에서 G의 값은 H 값과 같다. 온도가 증가하면 모든 물질의 자유에너지 G는 점차 큰 음의 값으로 감소한다.

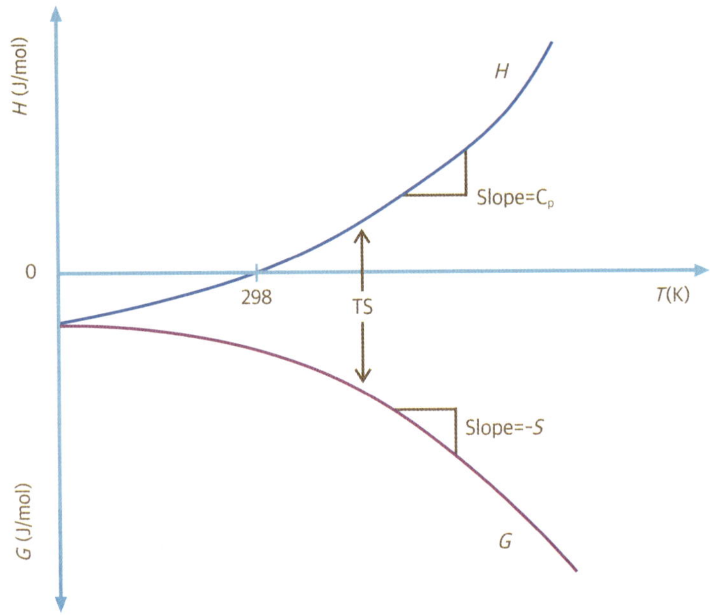

그림 4. $G = H - TS$의 온도 T 의존성

모든 단일 조성을 가지는 순수한 물질은 1기압일 때 온도에 따라 최소한 3개의 평형상을 가진다. 낮은 온도에서는 고체상, 높은 온도에서는 액체상, 아주 높은 온도에서는 기체상의 평형상을 가진다. 고체와 액체는 용융점 T_m에서 액체와 기체는 비등점 T_v에서 각각 공존한다. 즉 T_m에서는 고체와 액체가 그리고 T_v에서 액체와 기체가 평형에 있는 것이다. 그림 5는 0 K부터 온도가 증가함에 따른 고체상, 액체상의 엔탈피 H와 깁스 자유에너지 G의 변화를 각각 보여준다. 이 그림은 상온에서 고체를 평형상으로 가지는 구리를 가정하여 그린 것이다. 구리의 T_m은 1,356 K이다.

0 K에서 고체가 액체에 비하여 낮은 음의 *H*값을 가지며 고체와 액체의 자유에너지 *G*(고체), *G*(액체)는 모두 온도가 증가하면 점진적으로 감소한다. 용융점 T_m 온도 이하에서 *G*(고체)가 T_m 이상의 온도에서 *G*(액체)가 상대적으로 낮은 *G*값을 가져서 온도에 따라 고체, 액체가 각각 평형상임을 보여준다. 액체상의 *H*(액체)는 고체상의 *H*(고체)에 비하여 모든 온도에서 높은 값을 가지며. 온도가 증가하면 *H*(고체)와

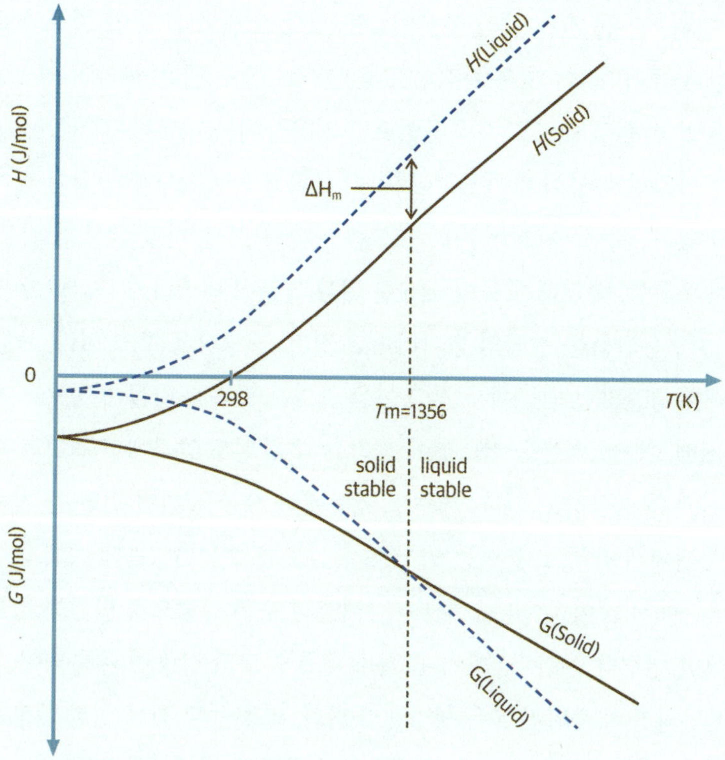

그림 5. 고체상과 액체상의 *G*와 *H*의 온도 *T* 의존성

H(액체)는 모두 증가한다. 한 시스템에 있는 고체가 용융점 T_m 온도에서 액체로 상변화가 일어나려면 $\Delta H_m = H$(액체) − H(고체)만큼의 열 q를 시스템에 추가하여야 한다. 이 ΔH_m을 잠열(latent heat)이라고 한다.

지구의 온도는 이산화탄소 배출 등의 영향으로 1880년 산업혁명으로부터 현재까지 약 0.7 ℃가 상승하였고 최근에는 상승 속도가 2배가량 빨라지고 있다고 한다. 몇 번의 빙하기를 겪고 지구에 남겨진 석탄, 갈탄, 원유, 가스 등의 화석연료는 정말 오랜 시간 동안 지구에 축적된 것들이다. 이 많은 화석연료를 인간이 아주 짧은 시간인 약 150년 동안 마음껏 연료로 사용하였으니 지구상에는 너무나 빨리 연소물인 이산화탄소 양이 많아졌고, 이것의 부작용으로 지구 온난화가 일어나고 있다. 지구온난화에 따라 요즈음 빙하의 소멸, 바닷물 상승, 산불, 열대성 폭풍, 슈퍼태풍 등의 극심한 기상 현상이 빈번하게 나타나고 있다. 지구온난화는 우리의 먹거리에도 정말 큰 영향을 주고 있다. 명품 사과를 생산하던 대구에서는 더 이상 맛있는 사과를 만들지 못하고 사과 재배지는 소백산을 건너뛰어 휴전선 앞 강원도 양구에서 최고의 명품 사과를 생산하고 있다. 제주도 남쪽에서 가끔 잡히던 귀한 큰 참치가 동해에서 잡히고, 홍어는 먼 남쪽 흑산도가 주산지였는데 이제 군산 앞바다에서 많이 잡힌다고 한다. 남해안의 수온 상승으로 맛있는 김도 양식이 어렵다고 한다. 대기 중 온실가스 농도의 상승이 계속되어 지구온난화가 계속되면 많은 생명체의 퇴화, 멸종 등과 함께 심한 기상변화가 우리를 괴롭힐 것이다. 지구온난화를 막고 지구의 온도를 지키는 것은 우리 삶의 터전인 지구환경에 매우 중요한 역할을 한다.

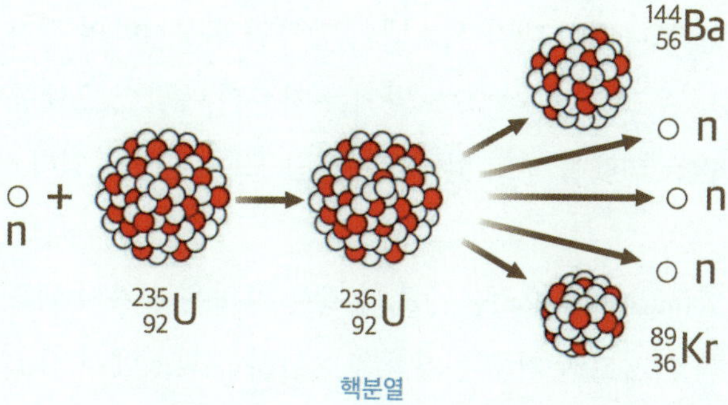

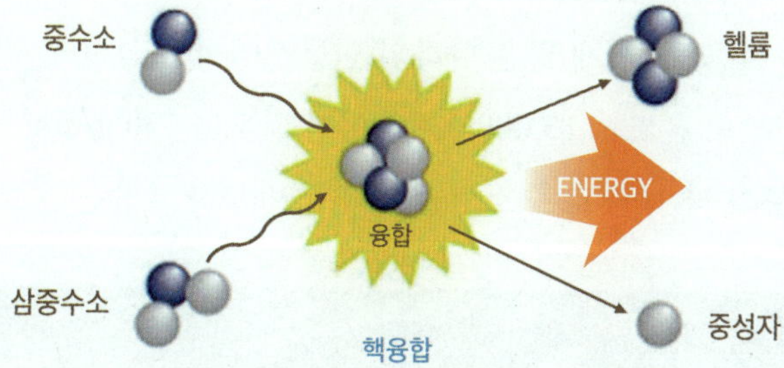

그림 6. 핵분열과 핵융합

연소를 이용하여 이산화탄소를 발생시키지 않고 아주 큰 에너지를 얻을 수 있는 방법에는 그림 6의 핵분열과 핵융합이 있다. 핵분열(nuclear fission)은 우라늄과 같은 무거운 원자의 원자핵이 중성자와 충돌하여 가벼운 원자핵으로 쪼개지는 현상이다. 이 과정에서 감소된 질량 m이 질량과 빛의 속도 자승의 곱($E = mC^2$)으로 에너지가 발생하는 것이다. 그런데 핵분열은 에너지 발생과 함께 인류를 영원히 괴롭히는 방사능 물질 등 다양한 핵물질이 쓰레기로 발생하는 문제가 있다.

2011년 지진 쓰나미로 냉각 시스템이 망가진 후쿠시마의 원자로의 폭발과 1986년 우크라이나 체르노빌의 원자로의 폭발이 오랫동안 인류에 얼마나 많은 피해를 주고 있는지 우리는 모두 잘 알고 있다.

핵융합(nuclear fusion)은 수소와 같은 가벼운 원자의 핵들이 서로의 반발력을 이기고 무거운 원자핵을 융합하는 과정에서 감소된 질량 m만큼이 에너지로 발생하는 현상이다. 핵융합은 핵분열을 이용하는 원자력발전에 비해 방사능 오염도 없고 친환경적으로 무한한 에너지원을 얻을 수 있어 현재 많은 나라의 연구소에서 열심히 연구 중이다. 태양 중심부의 온도는 15,000,000 K이며 밀도는 150 g/cm^{3}으로 금이나 납 밀도의 약 10배로 수소핵들이 융합 반응하기 충분한 조건이다.

그림 7. KSTAR의 주장치(한국핵융합연구원)

이런 조건을 갖는 인공태양 발전소를 만들면 우리는 핵융합으로 무한에 가까운 에너지를 얻을 수 있는 것이다. 원자력 발전에서는 우라늄이나 플루토늄이 연료로 사용되는데, 이것을 얻기 위하여 원심분리기 등을 이용하여 방사능 원료를 농축시키는 어렵고 긴 공정이 필요하다. 이와는 달리 핵융합은 쉽게 얻을 수 있는 중수소, 삼중수소를 연료로 사용한다. 우리나라에서는 2030년대 중반에 실험실 노의 설치를 완성하고 2050년대에는 상용 핵융합 발전소를 운영하는 것을 한국 핵융합 에너지 연구원에서 계획하고 있다.

핵융합 반응이 일어나려면 1억 도 이상 초고온 상태의 플라즈마(원자핵과 전자가 분리된 이온 상태)가 필요하다. 태양은 자체 질량과 중력으로 초고온 플라즈마 상태를 스스로 만들지만 지구에서는 1억 도의 초고온 플라즈마를 인위적으로 만들어야 한다. 1억 도의 초고온 플라즈마를 만드는 방식은 토카막 형과 레이저를 이용한 방법이 있다. 우리나라 한국 핵융합 에너지 연구원의 인공태양 KSTAR는 토카막을 사용한다. 토카막은 도넛 형태의 진공 용기를 만들고 그 주변에 강력한 자기장을 내는 초전도 자석을 설치해 초고온 플라즈마를 가두는 방식의 핵융합 장치다. 그림 7은 축구장 4분의 1 크기인 KSTAR를 보여준다. KSTAR 주장치실은 주장치와 헬륨 분배장치, 전자공명 가열장치, 중성자 입자빔 가열장치 등이 설치돼 있다. 핵융합의 핵심 조건인 1억 도의 초고온 플라즈마 운전을 실제 실험하는 곳이다. KSATR는 2018년 플라즈마 온도를 1억 도로 끌어올리는 데 성공한 후 2020년 20초 연속 운전, 2021년 30초 유지에 성공했는데, 이것은 세계 최장 기록이다.

앞으로 2026년에 1억 도 초고온 플라즈마 유지 300초를 달성하는 것이 목표이다. 이것은 거의 상용화 발전소에 가까운 기술 수준이라 한다. 우리의 미래에는 온도 1억 도를 유지하는 공학 기술과 소재과학이 화석연료로부터 벗어나는 새로운 인류 문명을 만들어나갈 것이다.

5

성분

물질은 순수한 단일 조성으로 있는 것보다는 다른 물질과 섞이는 것이 무질서 정도인 엔트로피 *S*를 높여 자유에너지 *G*를 낮춘다. 모든 물질은 순수한 상태로 존재하는 것보다는 불순물을 가지는 것이 자연스러운 현상이다. 예를 들어 알루미늄 Al이 99.9%(3N, 3 nine) 이상의 순도를 가지면 우리는 고순도 Al이라 한다. 그런데 반도체의 제조 등에 사용되는 99.9999%(6N) 이상의 초고순도 Al은 상용의 순수 Al에 비하여 가격이 수백 배 이상이다. 초고순도 물질은 우리가 일반적으로 사용하는 상용의 순수 물질에 비하여 제조하기가 무척 힘들다. 즉 순수한 물질보다는 다른 물질과 섞여있는 물질이 자연스럽게 더 잘 만들어지는 것이다.

하나의 민족만 사는 나라를 단일 민족 국가라 한다. 이에 반하여 다민족 국가는 여러 민족이 같이 어우러져 살아가는 나라다. 미국이 대표적인 다민족 국가로 미국 사회를 "멜팅 포트(용광로, melting pot)"라 말하기도 한다. 멜팅 포트는 미국으로 많은 이주민과 외국인들이 들어와 모여 단일한 공통적 문화를 만들어가던 현상을 설명하기 위해 100년 전에 사용된 말이다. 다양한 금속을 융점이 높은 세라믹 포트(pot)에 넣고 끓이면 모두 균일한 액체가 되듯이 그런 동질화되고 균질한 사회를

그림 1. 1900년 초반 다문화 미국 사회의 상징이던 멜팅 포트(melting pot)

"위대한 아메리카(Great America)"로 그 당시에는 꿈꾼 것 같다. 그림 1은 1908년 공연된 이스라엘 쟁월(Israel Zangwill)의 연극 〈용광로(The melting pot)〉의 포스터이다. 그런데 모두의 균질한 미국인이라는 아름다운 이름 아래서 극우의 상징인 인종차별주의(racism)가 미국 사회를 지배하였다.

현재의 미국은 다양한 문화들이 서로 섞여 조화를 이루어 다양한 문화를 보존하고 인정해 주는 다문화주의 "샐러드 볼(Salad bowl)"이 많은 사람들에게 더욱 큰 공감을 얻고 있다. 그림 2의 맛있는 샐러드를 믹서로 곱게 갈아버리면 전혀 샐러드의 고유한 맛을 얻을 수 없다. 다양한 소재를 섞고 드레싱을 하여도 샐러드에 들어가는 소재 각각의 맛은 그

그림 2.
최근의 다문화 미국 사회의 상징
샐러드 볼(salad bowl)

대로 유지되어야 한다. 그래서 맛 있는 샐러드가 되는 것이다. 다양한 유전자의 샐러드 혼합은 사회의 에너지 *G*를 낮추는 바람직한 것이다.

많은 작은 섬으로 이루어져 지정학적 이유로 오랜 기간 거의 단일 민족이 된 나라는 시간이 지남에 따라 유전자 열화가 점차 진행되며 결국은 쇠퇴하게 된다. 우리와 이웃한 나라의 많은 여성들은 예쁜 덧니를 가지고 사는데, 이것도 유전자 열화에 의한 치아의 퇴화라고 생각된다. 13세기부터 근대에 이르기까지 합스부르크(Habsburg) 가문은 중부 유럽을 지배하였다. 합스부르크가는 원래 스위스 알프스 산맥에 있던 시골 귀족 가문이었다. "전쟁은 남들이 하게 하자, 너 행복한 오스트리아는 결혼하자!(Kriege führen mögen andere, du glückliches Österreich heirate!)"라는 신념을 가지고 이 가문은 스페인, 헝가리, 크로아티아, 보헤미안 왕국과 결혼동맹을 맺었다. 그런데 이 나라들에서 우연히 모두 대가 끊기면서 그들의 영토를 합스부르크 가문이 그대로 인수했다. 그리고 그들은 자신들의 아름다움과 고귀함에 흠뻑 도취되어 수백 년 동안 근친혼을 계속하였다. 그 결과 많은 왕족이 다양한 유전병에 시달려 일찍 세상을 떠났고, 특히 합스부르크 주걱턱(Habsburg jaw)이 그들의 외모를 대표하게 되었다. 그림 3은 벨라스케스의 걸작인 〈시녀들(Las Meninas)〉이다. 여기에는 에스파냐 왕녀인 마르가리타 테레사가 주인공인데 나중에 신성로마제국의 황제 레오폴트 1세와 결혼을 하였다. 이 소녀도 주걱턱을 가졌으며 병약해 21세에 세상을 떠났다고 한다. 흥미로운 것은 이 그림의 왼쪽 끝에 작가인 발라스케스 자신이 보인다.

열역학적인 공간인 하나의 시스템에 한 종류의 원자 또는 분자만 존재할 때 우리는 단일 성분계 시스템이라 한다. 단일 성분계의 열역학 독립 변수는 온도 *T*와 압력 *P*이므로, 이 시스템의 평형은 *T*와 *P*에만 의존한다. 예를 들면 그림 4는 단일 성분계인 물의 *T*와 *P*에 따른 평형상을 보여준다. 물은 *T*와 *P*에 의존하여 물, 얼음, 수증기 3개의 평형상을 가진다. 예를 들면 1기압에서는 -10 ℃, +10 ℃, +110 ℃에서 얼음,

그림 3.
합스부르크 주걱턱과 벨라스케스의 <시녀들> (프라도 미술관)

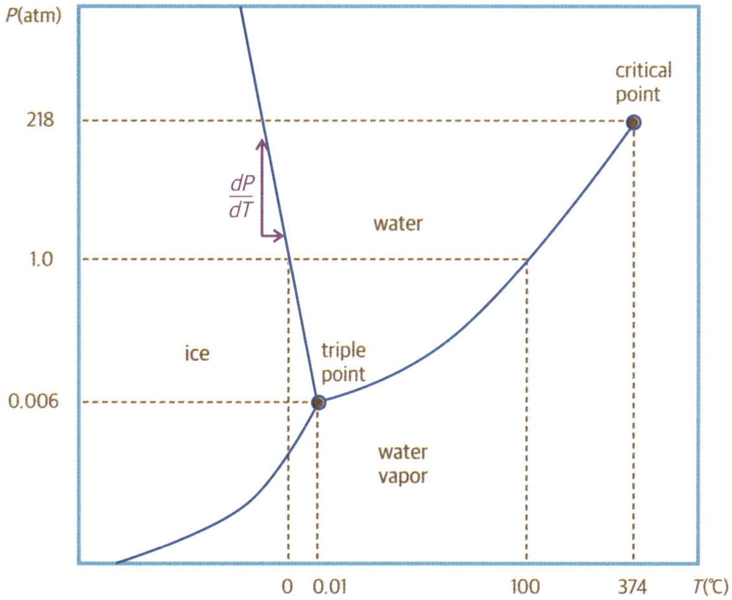

그림 4. 물의 상태도

물, 수증기가 평형상이고 0 ℃, +100 ℃에서는 각각 얼음과 물, 물과 수증기 2개의 상이 평형에 있다. 0.006기압, 0.01 ℃에 삼중점이 존재하는데 여기는 물, 얼음, 수증기 3개의 상이 같이 존재하는 유일한 곳이다. 218기압, 374 ℃는 임계점으로서 특정 압력 이상이 되면 액체인 물과 기체 상태인 수증기의 밀도가 같아져 액체와 기체의 구별이 없어진다. 임계온도 374 ℃ 이상에서는 기체를 액체로 만들기 위해 아무리 큰 압력을 가해도 액체상이 얻어지지 않는다. 물은 지구상에 존재하는 물질 중에 유일하게 (1) 액체상(물)이 고체상(얼음)보다 밀도가 높고 또한 (2) 고체상과 액체상의 경계선의 기울기(dP/dT)가 음의 값을 가진다.

이것이 물의 상태도에 표시되어 있다. 물을 제외한 모든 물질은 고체상이 액체상보다 밀도가 높으며, 고체상과 액체상의 기울기(dP/dT)가 양의 값을 가져 액체상에 압력을 가하면 고체상이 더 잘 형성된다.

위의 2가지의 물의 특성이 아마 지구상에 인간을 비롯한 모든 동식물이 살아갈 수 있는 조건을 만들었을 것이라 생각된다. 과거 지구상에는 적어도 네 번 이상의 큰 빙하기가 있었다. 현재의 빙하기는 4,000만 년 전의 남극 빙상의 성장에 의해 시작되어, 300만 년 전부터 일어난 북반구의 빙상의 발달과 함께 규모가 확대되었다. 마지막 빙하기인 최종 빙하기는 약 1만 년 전에 끝났다고 한다. 만약 물이 다른 물질과 같이 고체상이 액체상보다 무거웠다면, 빙하는 물에 가라앉아 모두 바다 속 깊이 존재하였을 것이다. 영하 수십 도의 빙하 위에 있는 바닷물에서 안정된 생명체의 진화를 생각할 수 없다. 물 위에 떠있는 얼음이나 빙하는 바닷물 속의 온도를 깊이에 따라 일정하게 유지하게 해준다. 이런 바닷물은 인류의 조상을 비롯한 모든 생물의 원천이었다.

또 하나의 얼음 특성으로 덩어리 빙하는 수 킬로미터 높이로 쌓이면 무거워지면서 큰 압력에 의해 밑면의 얼음이 녹으면서 물이 형성된다. 이 물은 높은 곳에서 낮은 곳으로 빙하가 천천히 미끄러져 이동하는 역할을 하기 때문에 모든 빙하는 항상 살아 움직여 나가며 지구 표면의 형상을 만들며 진행한다. 움직이는 무거운 빙하는 밑에서 바위나 암석을 갈아내면서 미세한 점토를 만들어낸다. 오랜 시간을 걸쳐서 만들어진 많은 양의 점토질 토양은 지구 위에 거대한 초원을 만들거나 농산물과 식물이 자랄 수 있는 기본적인 땅을 제공하는 것이다. 점토질이 섞여있지 않은 토양에서는 거의 식물이 뿌리를 내릴 수 없다. 이와 같이 독특한 2개의 물/얼음 특성을 가지는 빙하의 역할이 지구 자연을 지배하고 있는 것이다.

하나의 시스템에 2개 이상의 성분이 존재할 때 우리는 2원계 성분계라 하며 3개의 성분이 포함된 시스템을 3원계 성분계라 한다. 이런 성분계에서는 각 성분의 조성도 열역학 독립 변수로서 시스템의 평형에 영향을 준다. 성분 A와 B가 포함된 2원계 시스템의 열역학 독립 변수는 온도 T와 압력 P와 함께 조성 C가 있다. 시스템의 자유에너지 G 엔탈피 H 엔트로피 S는 모두 A와 B의 상대적인 조성 C에 의하여 변화한다. 일반적으로 우리가 살고 있는 세상에는 기압 $P = 1$로 일정하므로 온도 T와 조성 C 만이 독립 변수이다.

하나의 시스템에 3몰의 A와 2몰의 B가 존재하면, 이 시스템에는 모두 5몰이 존재하며 몰분율(mole fraction)로 $X_A = 0.6$, $X_B = 0.4$이다. 이와 같이 2원계 시스템의 조성은 몰분율 X_A, X_B로 정의될 수 있다. 항상 $X_A + X_B = 1$이므로 $X_A = 1 - X_B$이며, 따라서 대기압 상태에서 2원계 시스템의 독립변수는 T와 X_A(또는 X_B)로 2개이다.

그림 5와 같이 순수한 A와 B의 각각 1 몰의 G가 $G_A = 3{,}200$ J/mol, $G_B = 4{,}000$ J/mol이라 가정하면, 반응 없이 A원자 덩어리 $X_A = 0.6$와 B원자 덩어리 $X_B = 0.4$가 합쳐졌을 때 $G^o = X_A G_A + X_B G_B = 0.6 \times 3{,}200 +$

0.4×4,000 = 3,520 J/mol이다. 그런데 A와 B 원자가 자유롭게 골고루 섞이면 자유에너지는 $G = G^o + \Delta G_{MIX}$가 된다. A와 B 원자가 서로 섞이면서 생겨나는 $\Delta G_{MIX} = T\,S_{MIX} = RT(X_A \ln X_A + X_B \ln X_B) < 0$이므로 ΔG_{MIX}는 항상 음의 값을 가진다. 따라서 G^o에 비하여 G는 낮아지며 A와 B는 자발적으로 섞인다. A 원자와 B 원자가 반응을 일으키지 않는 시스템을 이상용액(ideal solution)이라 하며 이런 시스템의 $\Delta H_{MIX} = 0$이다. 이상용액의 $\Delta G_{MIX} = T\,S_{MIX}$는 $X_A = X_B = 0.5$일 때 음의 최댓값이 얻어진다.

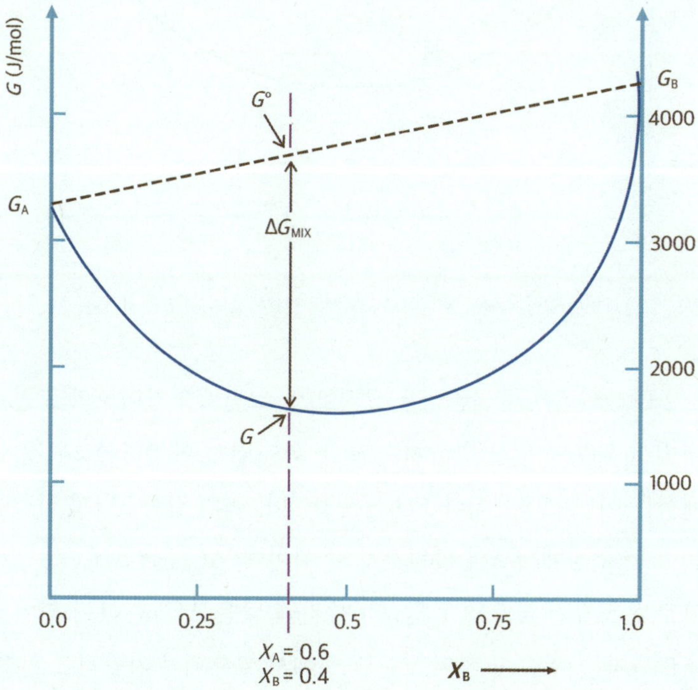

그림 5. 이상 고용체에서 조성 X_B에 따른 G curve

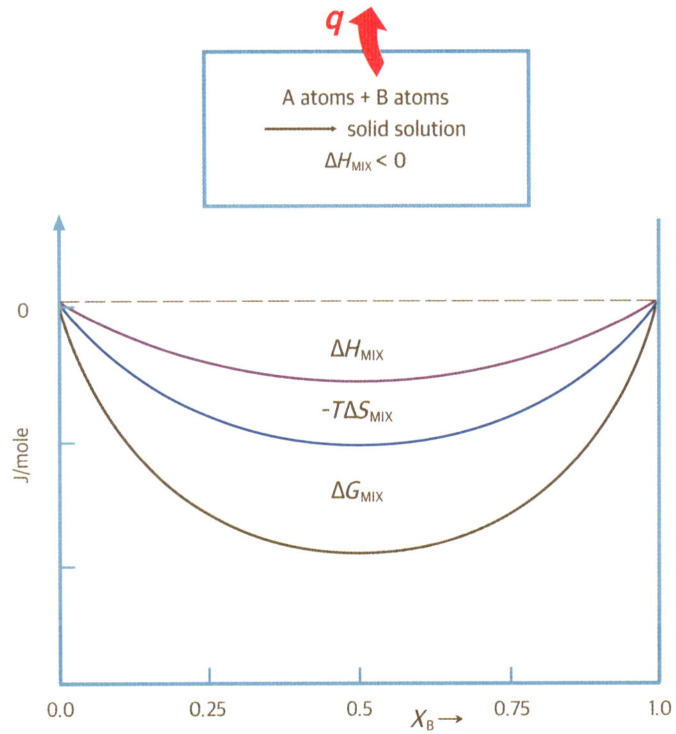

그림 6. 고체의 모든 조성 X_B에서 잘 섞여서 고용체를 만드는 $\Delta H_{MIX} < 0$인 시스템

ΔG_{MIX}의 ΔH_{MIX} 의존성을 살펴보자. 그림 6과 같이 A와 B 원자가 섞이면서 외부에 열을 방출하는 또는 섞이면서 발열하는 2원계 시스템에서는 어느 조성에서나 $\Delta H_{MIX} < 0$이다. 이와 같은 2원계 시스템에서는 모든 조성에서 A와 B 원자가 잘 섞이며, $\Delta G_{MIX} = \Delta H_{MIX} - T\,S_{MIX}$이므로 온도 T가 높으면 $T\,S_{MIX}$가 증가해 낮은 ΔG_{MIX} 값이 얻어지고 A와 B 원자는 아주 잘 섞여 모든 조성에서 고용체가 자발적으로 잘 형성된다.

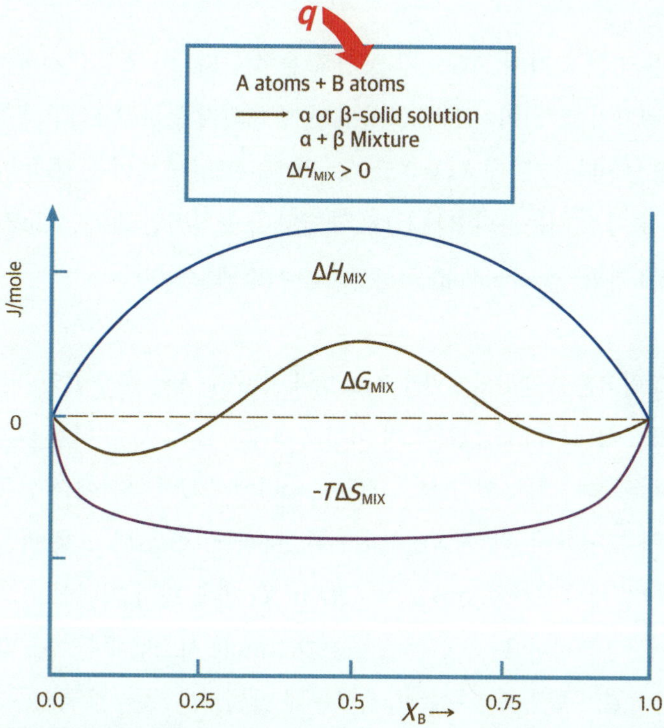

그림 7. 순수 A와 B에 가까운 조성 X_B에서 고용체를 그리고 조성 X_B=0.5 부근에 혼합물을 만드는 ΔH_{MIX} > 0인 시스템

A와 B 원자가 섞이려면 그림 7과 같이 외부에서 열을 가해야 하는, 또는 섞이려면 시스템이 흡열을 해야 하는 2원계 시스템에서는 모든 A와 B 합금 조성에서 $\Delta H_{MIX} > 0$이 얻어진다. 여기서 재미있는 것은 $X_A = 1.0$, $X_B = 1.0$ 부근의 조성에서는 항상 $- T S_{MIX}$ 항의 음의 값이 ΔH_{MIX} 항의 양의 값에 비하여 크다. 그래서 이런 순수한 A와 B에 가까운 조성에서는 항상 ΔG_{MIX}가 음의 값을 가진다. 따라서 A와 B에 가까운 조성인 B 또는 A가 조금 섞인 고용체는 언제나 자발적으로 형성되는 것이다. 그런데 $0.2 < X_B < 0.8$ 사이의 조성에서는 ΔH_{MIX} 항

이 큰 양의 값을 가져 ΔG_{MIX}가 양의 값을 갖는다. 이 조성 구간에서는 A와 B원자가 잘 섞이지 않아 고용체가 형성되지 못하고 α와 β의 혼합물이 형성된다. 그런데 $X_A = 0.5$, $X_B = 0.5$인 조성에서 아주 큰 음의 값 ΔH_{MIX}를 가질 때는 A와 B가 1:1로 결합하여 규칙적인 격자인 CuZn과 같은 AB 화합물(compound)을 형성하는 시스템도 있다.

그림 8은 A와 B의 2원계 시스템에서 순수 A와 순수 B의 각각 1몰의 자유에너지가 G_A, G_B일 때 이상용액에서 조성 X_B에 따른 G의 변화를 보여준다. 하나의 조성 X_A, $X_B(1 - X_A)$에서 G의 곡선에 접선을 그리면 이 조성에서 화학 퍼텐셜(chemical potential) μ_A와 μ_B를 얻을 수 있다. 그림에서 보여주듯이 $\mu_A = -RT \ln X_A$이다. 화학 퍼텐셜 μ_A와 μ_B의 단위는 J/mol이다. 즉 μ_A는 A 원자가 1 mole 시스템에 들어올 때 자유에너지 G가 몇 J 증가 또는 감소하는지 알려준다. 순수한 A($X_B = 0.0$)인 시스템에서 $\mu_A = G_A$ 이고 $\mu_B = -\infty$이다. 당연히 순수한 A 조성에 A 원자가 1 mole만큼 들어오면 G_A만큼의 에너지 증가가 일어난다. 그런데 B 원자가 순수한 A에 들어오면 μ_B가 무한대로 작아져서, B 원자를 받아들이는 매우 큰 욕구를 가지는 것이다.

그림 9는 ΔG_{MIX}가 포함된 실제 고용체에서 조성 X_B에 따른 G의 변화이다. 그림에서 $\mu_A = -RT \ln a_A$, $\mu_B = -RT \ln a_B$이다. 실제 용액에서는 원자의 개수로 얻는 몰분율 X_A, X_B 대신에 실효조성(activity) a_A, a_B를 사용한다. 실제의 용액(solution)에서 측정한 G 곡선에서 μ_A와 μ_B를 얻고 식 $\mu_A = -RT \ln a_A$로부터 a_A 등을 구한다.

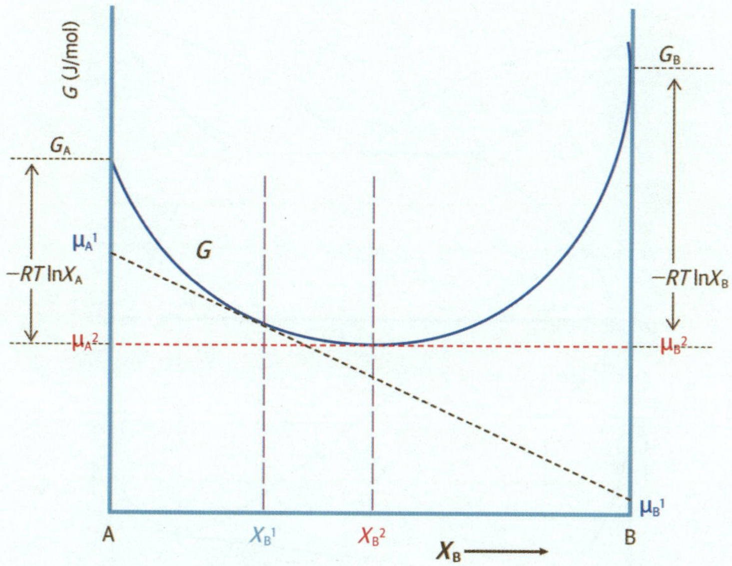

그림 8. 조성 X_B^1과 X_B^2에서 화학 퍼텐셜 μ_A와 μ_B

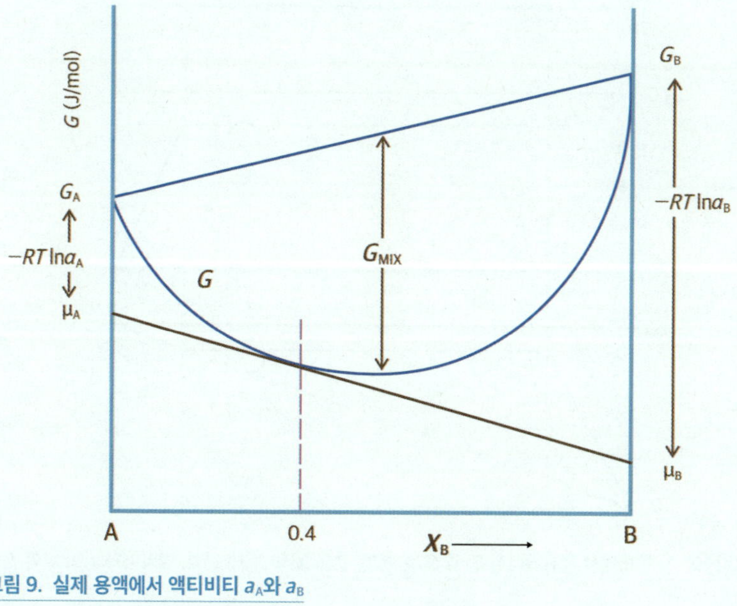

그림 9. 실제 용액에서 액티비티 a_A와 a_B

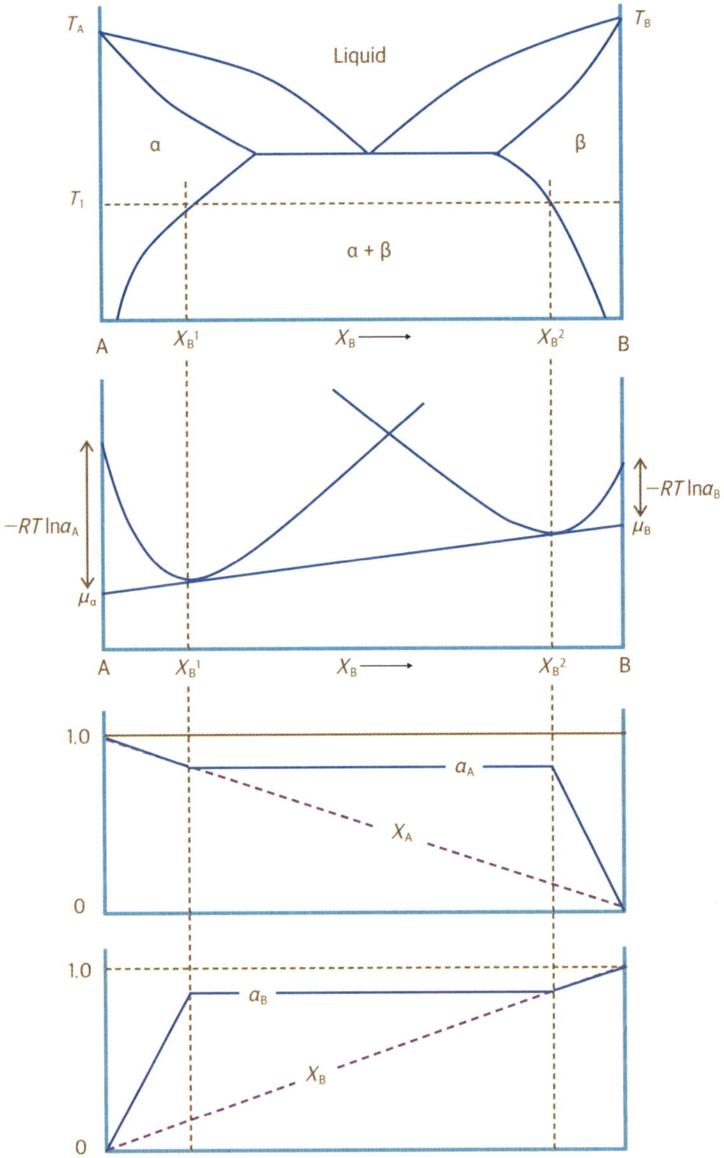

그림 10. T_1 온도에서 자유에너지 G_A와 G_B의 변화, 분율 X_A와 X_B의 변화, 액티비티 a_A와 a_B의 변화

그림 10은 하나의 공정 반응이 포함된 실제 시스템의 일정 온도 T_1에서 X_B = 0부터 X_B^1 조성까지의 조성에서는 α의 실효조성 a_A가 조성 X_A와 일치하며 또한 X_B = X_B^2부터 X_B = 1까지 조성 범위에서는 실효조성 a_B가 조성 X_B와 같은 것을 보여준다. T_1 온도에서 α와 β상이 평형에 있는 X_B^1과 X_B^2 조성 구간에서는 조성 X_A, X_B는 직선적으로 변하지만 실효조성 a_A, a_B는 변하지 않고 일정한 것을 보여준다. 예를 들면 A 원자의 몰분율 X_A= 0.5일 때 a_A = 0.75라면 시료에 존재하는 A원자는 실효조성 0.75만큼의 역할을 한다는 뜻이다.

A와 B 원자가 공존하는 2원계 시스템에서 A와 B 원자가 섞일 때 ΔH_{MIX}가 중요한 역할을 하는 것은 앞에서 이야기하였다. ΔH_{MIX}가 모든 합금 조성에서 음의 값을 가지면 A와 B 원자는 잘 섞이는데 모든 조성에서 ΔG_{MIX}가 음의 값을 가지면, A와 B 원자는 고체에서도 섞이면서 균일한 고용체(solid solution)를 만든다. 그러나 $\Delta H_{MIX} > 0$인 2원계 시스템에서는 그림 11에서와 같이 단지 순수한 A와 B에 가까운 조성에서만 서로 섞여서 A 근처에 α상 고용체를 B 근처에 β상 고용체를 만든다. 예를 들면 그림 11의 T_1 온도에서 α상은 조성 $0 \leq X_B \leq X_B^1$ 사이에서 β상은 조성 $X_B^2 \leq X_B \leq 1.0$ 사이에서 존재한다. 그리고 조성 $X_B^1 \leq X_B \leq X_B^2$ 사이에서는 α상과 β상이 기계적 혼합물(mixture)을 만든다. 이 합금에서는 액상이 A 또는 B의 용융점보다 훨씬 낮은 T_{EUT} 온도까지 존재한다.

T_{EUT} 온도에서 액상 합금을 냉각 시에 액상은 α상과 β상 혼합물

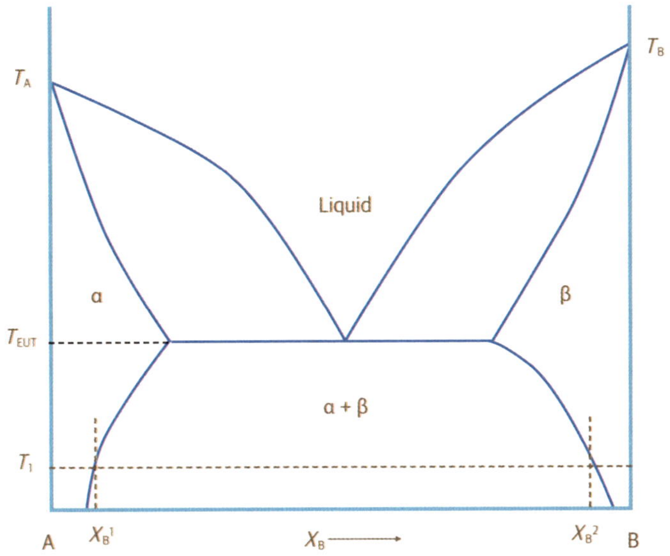

그림 11. 고체에서 $\Delta H_{MIX} \gg 0$인 A-B 시스템의 상태도

로 상변화한다. 이것을 공정(eutectic) 반응이라 부른다. 재미있는 것은 T_{EUT} 온도를 상온 정도로 아주 낮게 하는 시스템을 만들 수 있다면 우리는 액상 합금의 구조를 상온에서 얻을 수 있다. 그러나 T_{EUT} 온도를 상온까지 낮출 수 있는 2원계 합금은 존재하지 않는다. 크기가 다른 원자를 몇 가지를 섞어 액상 합금을 제조하면 이 합금은 액상에서는 아주 잘 섞이지만, 섞인 상태로 고체가 되는 것을 엄청 싫어한다. 이 합금의 고체상은 $\Delta H_{MIX} \gg 0$을 가지며 반면에 액체상은 $\Delta H_{MIX} \ll 0$을 가진다. 합금의 T_{EUT} 온도를 낮추는 원리를 이용하여 공정조성에 있는 합금의 액체를 상온으로 급랭하여 액체의 구조를 상온 고체에서 얻은 것을 비정질 합금이라 한다. 결정질 금속은 특정 면에서 특정 방향으로 슬립 등의 전위이동이 가능하여 항복강도 이상의 응력이 작용하면 쉽게

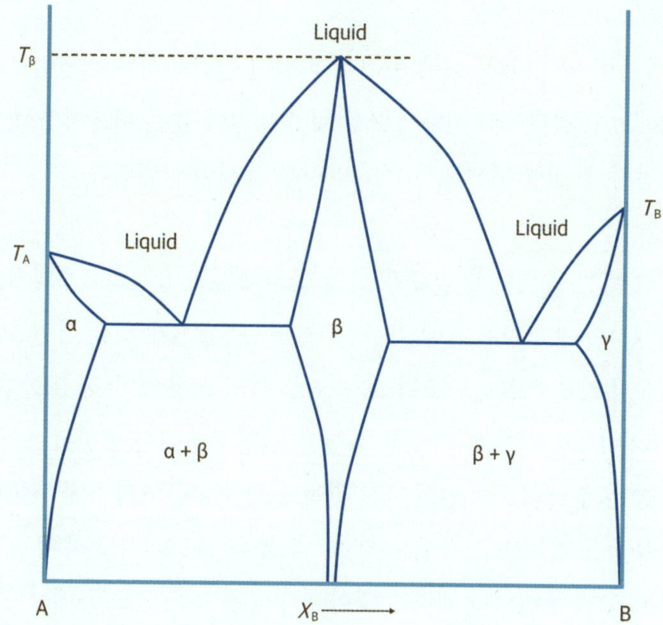

그림 12. 고체에서 $\Delta H_{MIX} \ll 0$인 A-B 시스템의 상태도

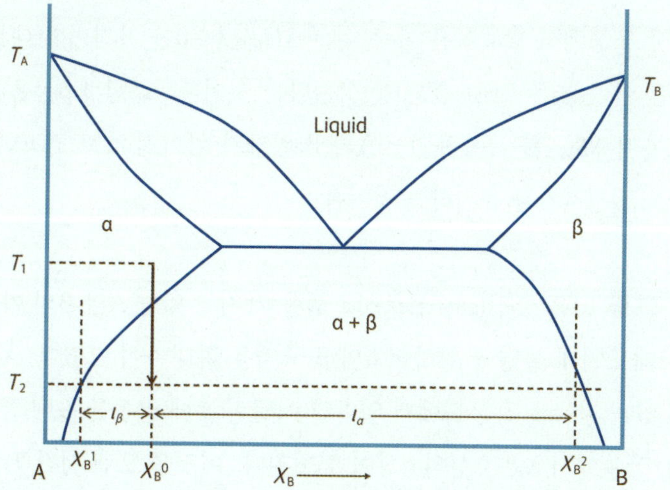

그림 13. T_1 온도에서 α상을 급냉한 시료를 T_2 온도에서 β상의 핵생성 과정

영구변형이 일어난다. 이에 반하여 비정질 합금에서는 결정립도 결정립계도 없고 결정학적 이벤트도 존재하지 않아 높은 변형저항성, 화학적 안정성, 균질한 미세조직 등의 다양한 특징이 얻어진다.

그림 12의 A와 B 원자가 섞인 합금에는 α, β, γ의 3개의 고체상이 존재하는데, α상은 A에 가까운 결정구조에 B가 조금 섞인 고용체이며, γ상은 B의 결정구조에 A가 조금 섞인 고용체이다. 또한 β상은 A와 B가 1:1로 결합한 새로운 화합물 결정구조이다. β상은 A와 B가 서로 높은 결합력으로 만들어진 결정으로 순수한 A와 B에 비하여 높은 용융점을 가지는 것을 주목하자. 즉 높은 온도에서도 액체로 잘 녹지 않고 고체 상태로 존재하는 것이다. β상은 높은 온도 T_β에서도 안정한 고체가 유지되기 때문에, AB 화합물을 금속간화합물(intermetallic compound)이라 하며 고온 재료로 사용하기도 한다. 여기서 기억할 것은 β상 조성에서 고체상은 아주 낮은 $\Delta H_{MIX} \ll 0$을 가지며 반대로 액체상은 아주 높은 $\Delta H_{MIX} \gg 0$을 갖는다는 것이다. 그 결과 β상은 높은 온도까지 ΔS_{MIX}를 극복하면서 A와 B 원자가 섞이지 않고 견고한 AB 화합물 결정격자를 유지하는 것이다.

그림 13은 공정(eutectic) 시스템을 가지고 있는 A와 B의 가상적인 상태도인데 설명을 위하여 α와 β 구역을 확대하여 그렸다. X_B^o 조성에 있는 합금을 T_1 온도에서 얼마간 어닐링 후에 얼음물 속에 급랭을 하면, 상온에서 X_B^o 조성의 α상이 얻어진다. 이것을 오랜 시간 T_2 온도에서 어닐링 하면 α상과 β상의 혼합물(mixture)을 평형상으로 얻게 된

다. 평형상에서 α상과 β상의 비율은 그림에 표시된 길이의 비 l_α/l_β이며, α상과 β상의 조성은 X_B^1과 X_B^2이다. 그런데 급랭한 α상에는 B 원자가 과포화되어 있어 이런 평형상이 생성되는 초기에 α 상의 결정립 내부 또는 결정립계에서 β상이 핵생성(nucleation)되며 성장하면서 천천히 평형상의 조성과 양이 얻어진다. 즉 고체 내에서 일어나는 대부분의 새로운 상의 형성은 핵생성과 성장의 과정을 거치는 것이다.

원자가 모여서 핵이 생성될 때 원자는 계속해서 진동을 하면서 모였다가 다시 흩어졌다 한다. 그림 14는 이런 과정에서 모여서 클러스터(cluster, 원자 덩어리)가 되는 B 원자 개수 n_B에 따른 자유에너지 G의 변화를 보여준다. 이 그림에서 임계핵(critical nuclei)을 $n_B^* = 20$개로 가정하였기 때문에 클러스터에 B 원자가 20개 이상 모이면 G는 계속해서 낮아진다. 즉 $n_B \geq 20$개부터는 핵으로 역할을 하며 n_B 이 증가

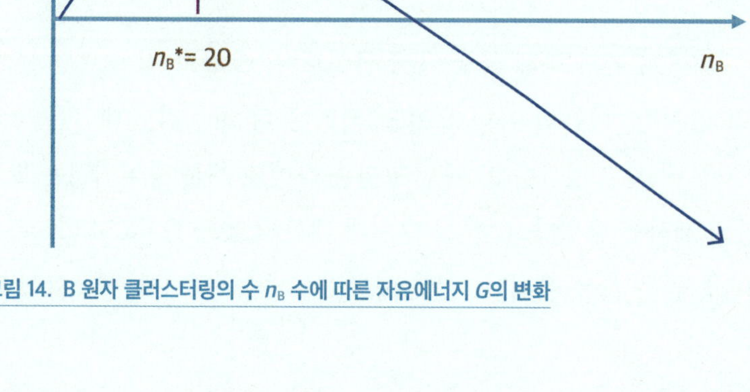

그림 14. B 원자 클러스터링의 수 n_B 수에 따른 자유에너지 G의 변화

하며 핵이 성장하는 것을 보여준다. 그런데 B 원자가 19개 이하로 클러스터를 만들면 핵으로 성장하지 못하고 다시 개수가 감소하는 방향으로 G를 낮춘다. 핵의 부피당 G의 감소가 ΔG_V면 핵의 생성은 $\Delta G = V \cdot \Delta G_V$만큼 G를 낮춘다. 그런데 핵이 생기면 핵/기지 계면 A에 계면 에너지 γ가 새롭게 형성되어 G를 높인다. 따라서 핵생성에 따른 에너지 변화는 $\Delta G = V \cdot \Delta G_V + A \cdot \gamma$이다. 여기서 중요한 점은 임계핵의 크기가 작을수록 핵생성이 용이해진다는 것이다. 실제 모든 시스템에서 불순물이 존재하여 A가 크게 감소하여 쉽게 핵이 많이 생성되는 것이다. 세상의 모든 핵생성은 항상 불균질(heterogeneous)하게 일어난다. 비가 올 때 빗방울 수가 아무리 많아도 공기 중에 존재하는 나노 크기의 작은 먼지의 개수가 훨씬 많아 빗방울은 항상 불균질 핵생성에 의하여 만들어진다. 균질 핵생성(homogenous nucleation)은 불순물의 수가 핵의 수보다 작을 때만 이론적으로 가능하지만 세상에는 그런 시스템이 없다. 마찬가지로 모든 고체상 소재에는 많은 수의 전위(dislocation)와 공공이 존재하기 때문에 새로운 상의 생성도 항상 불균질 핵생성에 의한 것이다. 이와 같이 소재에서는 항상 불균질 핵생성에 의하여 새로운 상이 형성된다.

"태산이 높다 하되 하늘 아래 산이로다. 오르고 또 오르면 못 오를 리 없지만, 사람이 아니 오르고 뫼만 높다 하더라." 태산은 중국 5악 가운데 최고 명산이고, 매우 고귀한 산이기 때문에 여기서는 황제들만이 제사를 올렸다고 한다. 그런데 태산의 높이 Q =1,545 m로 실제 아주 높은 산은 아니다. 뿐만 아니라 요즘엔 케이블카도 있어 10

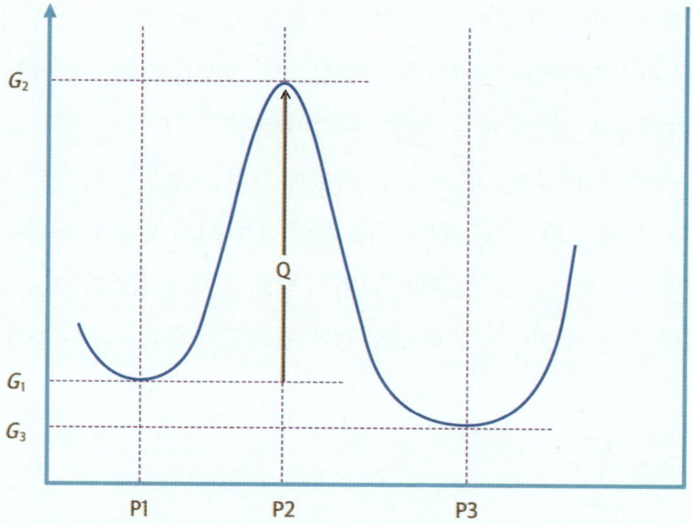

그림 15. P_1에서 P_2로 가는 속도 v는 활성화 에너지 높이 Q에 의존

명 중 9명은 케이블카를 타고 올라가고 있다고 한다. 에베레스트산은 Q = 8,848 m로 제 힘으로 올라갈 사람은 지구상에 몇 명 없다. 산을 넘어갈 수 있는 확률 P은 exp $(-Q/k{\cdot}T)$에 비례하므로 Q가 증가하면 확률 P는 아주 급격히 떨어진다. 열역학에서 Q는 활성화 에너지이며 k는 Boltzmann-상수이다.

그림 15에서는 위치 P1과 P3 그리고 산 꼭대기 P2의 에너지 G 상태를 보여준다. P1과 P3의 자유에너지 상태의 차이 $\Delta G = G_3 - G_1$가 P1으로부터 P3로 가려는 욕망인데, 이것이 산을 넘어 더 편한 평형위치로 가려는 욕망 즉 구동력(driving force)이다. 그러나 산의 높이 $Q = G_2 - G_1$가 산을 넘어가는 확률 즉 속도(rate)를 결정하는 것이다. 어떤

반응 또는 이벤트가 일어나는 속도, 즉 확률 P는 exp $(-Q/k \cdot T)$에 비례하므로 Q 산의 높이가 높을수록 지수적으로 크게 감소하는 것이다. 구동력이 클수록 평형상태로 가려는 욕망이 커진다. 그러나 욕망의 크기 ΔG는 절대로 1로부터 3으로 가는 속도에 대한 정보를 전혀 알려주지 못한다. 부자가 되고 싶은 구동력(욕망)이 아주 커서 30초 안에 금은방을 쇠망치로 부수고 들어갔다가 나와서 빨리 부자가 되었다는 사람들은 거의 없다. 법이라는 산의 높이 Q가 도둑들의 생각보다는 높기 때문이다.

6

고체 소재에서 원자의 이동

그림 1의 첫 그림은 가상의 것으로 아주 착한 사람 A와 아주 멋진 사람 B가 각각 12명씩 있을 때 모여있는 방법에 따라 어떠한 자유에너지 G를 가지는지 설명해 준다. 먼저 착한 사람 A와 멋진 사람 B가 중앙 칸막이에 막혀서 같은 사람들만 방에 모여있을 때, 각 방의 A와 B의 분율은 윗방 $X_A = 1.0$, $X_B = 0.0$, 아랫방 $X_A = 0.0$, $X_B = 1.0$이다. 1 mole에는 6×10^{23}개의 원자나 분자가 존재하듯이 1 mole에는 A와 B가 각각 6×10^{23}명이 존재한다. 1 mole당 A와 B가 갖는 자유에너지 $G_A = 2000$ J/mol, $G_B = 3000$ J/mol이라 가정하자. 윗방에는 $12 \times 2000/(6 \times 10^{23}) = 4 \times 10^{-20}$ J, 아랫방에는 6×10^{-20} J의 자유에너지가 존재한다. 재미있는 것은 윗방에 있는 12명의 A와 아랫방에 있는 12명의 B가 모두 같은 G를 나누어 가지며 같은 공간을 공평하게 차지하면서 규칙적인 배열을 하고 있는 것이다. 이것은 단일 원자로 구성된 결정에서 원자들이 엄격하게 규칙적인 배열을 하고 있는 것과 같다. 참고로 여기서 $G_A = 2000$ J/mol, $G_B = 3000$ J/mol로 가정한 것은 사람들의 크기가 원자나 기체 분자 크기를 가진다고 해야 가능한 값이다. 그 이유는 이 값이 6×10^{23}명이 가지는 에너지로는 말이 안 되는 적은 값이기 때문이다.

우측의 다음 그림은 윗방 $X_A = 0.75$, $X_B = 0.25$, 아랫방 $X_A = 0.25$,

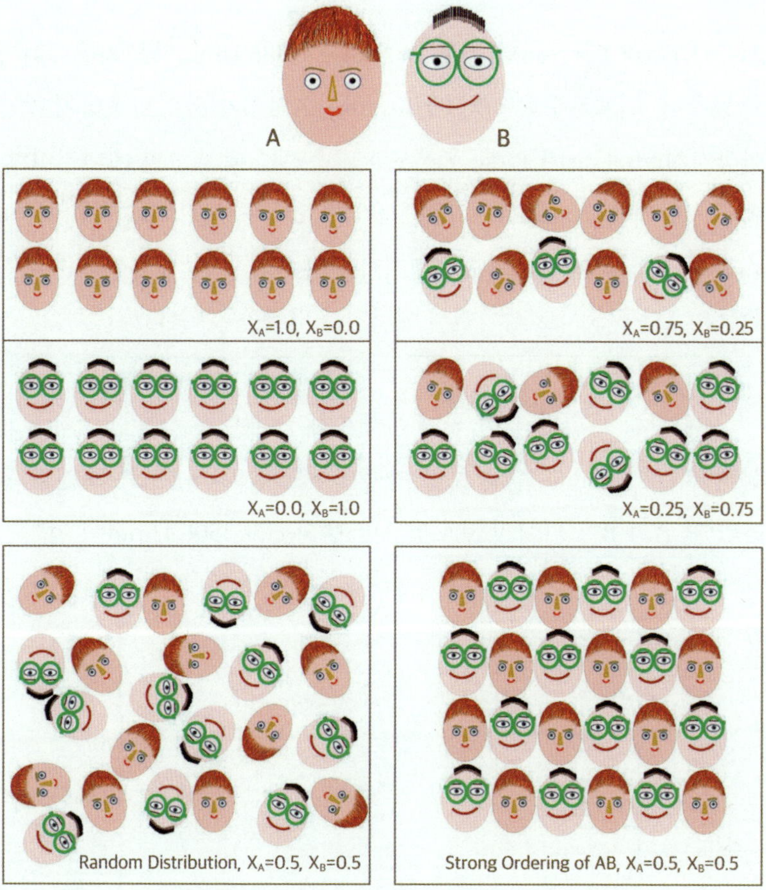

그림 1. 사람들의 배열에 의존하는 시스템의 자유에너지 G

X_B = 0.75를 보여준다. 만약 A와 B가 서로 아무런 영향을 미치지 않는다면, 윗방에는 G_1 = 2000 J/mol×0.75 + 3000 J/mol×0.25 = 2250 J/mol, 아랫방에는 G_2 = 2750 J/mol이 존재한다. 그러나 대부분의 자연 현상은 A와 B가 섞이면서 A와 B가 좀더 자유로운 자세로 편안한 배열을 하게 된다. 이렇게 상온 25 ℃, 298 K에서 X_A와 X_B 조성으로 섞이면

$\Delta G = RT(X_A \ln X_A + X_B \ln X_B) = RT\,(-0.56) = -1386$ J/mol만큼 자유에너지를 낮춘다. 기체상수 $R = 8.31$ J/K·mol은 A와 B가 서로 반응하지 않는 이상기체(ideal gas) 1 mole을 온도 1도 올리는 데 필요한 에너지이다. 이제 윗방에는 $G_1 = 2250 - 1386 = 864$ J/mol과 아랫방에는 $G_2 = 2750 - 1386 = 1464$ J/mol의 자유에너지가 존재한다. 이렇게 일반적인 자연현상은 A와 B가 서로 섞이면서 에너지를 낮추는 것이다.

세 번째 그림과 같이 윗방 아랫방에 경계벽을 허물고 자유롭게 섞여 무질서(random)한 분포를 만들면 시스템의 자유도는 최대로 올라간다. A와 B가 섞이지 않으면 시스템의 $G = 2500$ J/mol이 얻어진

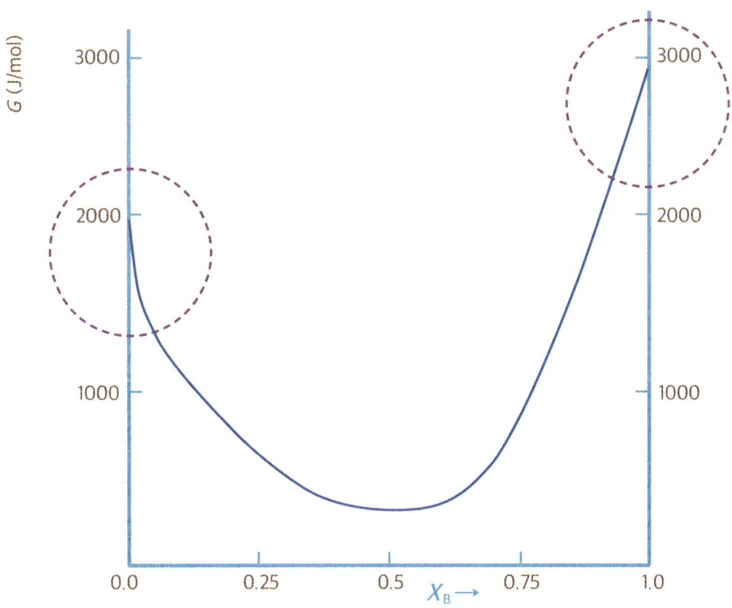

그림 2. A와 B 집단에서 B 사람들의 분율 X_B과 자유에너지 G 변화

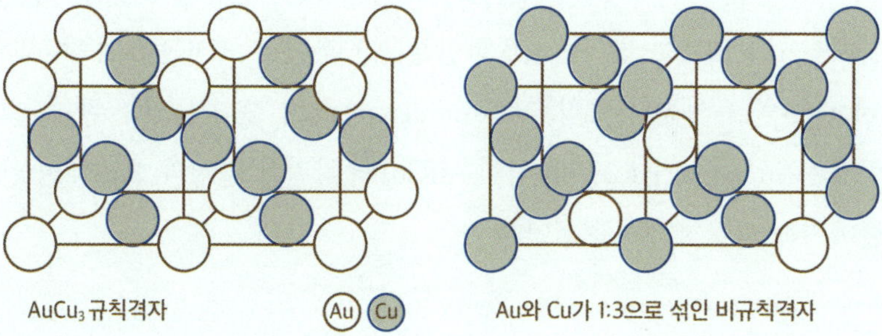

그림 3. 규칙격자와 비규칙격자

다. 그러나 A와 B가 298 K에서 완전히 섞이면 $\Delta G = RT(0.5\ln 0.5 + 0.5\ln 0.5) = RT\ (-0.69) = -1708$ J만큼 자유에너지 G를 낮춘다. 그림 2에서는 A와 B가 298 K에서 섞일 때 자유에너지 G의 변화를 보여준다. 자연 현상은 AB 화합물을 형성하는 경우를 제외하고 A와 B가 같은 수로 절반씩 섞일 때, 즉 $X_A = X_B = 0.5$일 때 자유에너지 $G = 2500 - 1708 = 792$ J/mol로 최소가 된다.

마지막 그림과 같이 A 원자와 B 원자가 무질서하게 섞일 때와는 달리 A 원자와 B 원자가 특별히 강한 결합력으로 새로운 물질인 AB 화합물을 만들면서 규칙격자(ordered lattice)가 만들어지는 경우도 있다. 이때 A와 B는 고체 상태에서 아주 낮은 ΔH_{mix}를 가지기 때문에 아주 강한 결합을 이룬다. 이런 결합은 주로 낮은 온도에서 A와 B가 1:1 조성으로 AB 화합물, 2:1 조성으로 A_2B 화합물 등으로 만들어지며 이런 조성에서 아주 낮은 G가 얻어져 생성된다. 이런 규칙격자를 우리는 초격자(superlattice)라 부르기도 한다. 엑스레이(X-ray) 또는 전자 회절 실험에서 특징적인 회절점이 얻어져 초격자란 이름이 얻어졌다. 저온에서 규칙격자를 만드는 AB 화합물은 높은 온도에서는 고용체(solid solution)와 유사한 비규칙격자(disordered lattice)를 만들기도 한다. 그림 3은 Au와 Cu가 1:3으로 섞인 $AuCu_3$ 규칙격자 결정과 고온에서 만들어지는 비규칙격자를 보인다.

그림 4의 규칙격자가 만들어지는 A와 B 2원계 시스템의 조성에 따른 자유에너지 곡선을 보면, 낮은 온도에서는 A와 B가 1:1 조성에서 자유에너지 곡선 G의 최젓값이 급격하게 얻어져 AB 화합물 규칙격자가 만들어진다. 그런데 저온에서 규칙격자를 만드는 합금은 온도를 올리면 시스템의 무질서도가 상승하면서 더 이상 규칙격자를 유지하지 못하고, A와 B 원자가 무질서한 분포를 가지는 비규칙격자가 된다. G의 곡선에서 점선으로 보여지는 고온에서 자유에너지 곡선 G는 서로 섞일수록 G를 점차 낮추어 $X_A = X_B = 0.5$일 때 자유에너지 G가 최소가 얻어진다. 고온에서 규칙격자는 고용체와 같이 무질서한 배열을 가지면서 섞인다.

그림 5는 A와 B의 2원계 시스템에서 순수 A와 순수 B의 1 mole의 자유에너지가 G_A, G_B일 때 조성 X_B에 따른 이상용액(ideal solution)의 G 변화를 보여준다. 하나의 조성 X_A 또는 X_B에서 G의 곡선에 접선을 그리면 우리는 이 조성에서 화학 퍼텐셜 μ_A와 μ_B를 얻을 수 있다. 그림에서 볼 수 있듯이 $\mu_A = -RT \ln X_A$이다. 한 시스템의 화학 퍼텐셜은 시스템이 A 원자와 B 원자를 받아들이려는 욕구의 척도로 μ_A와 μ_B가 감소하는 방향으로 조성 변화가 일어난다. 순수한 A($X_A = 1.0$, $X_B = 0.0$)인 시스템에서 $\mu_A = G_A$이고 $\mu_B = -\infty$이다. 당연히 순수한 A 조성에 A

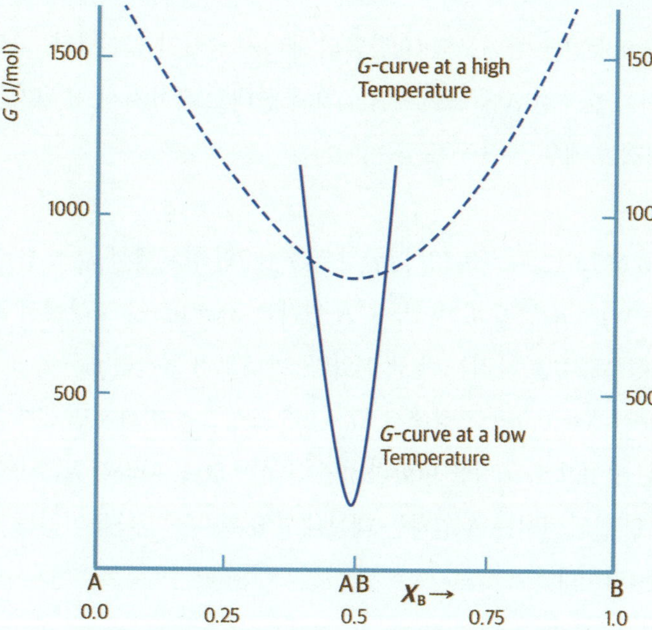

그림 4. 낮은 온도에서 AB 규칙격자를 만드는 *G* 곡선, 높은 온도에서 비규칙격자를 만드는 *G* 곡선

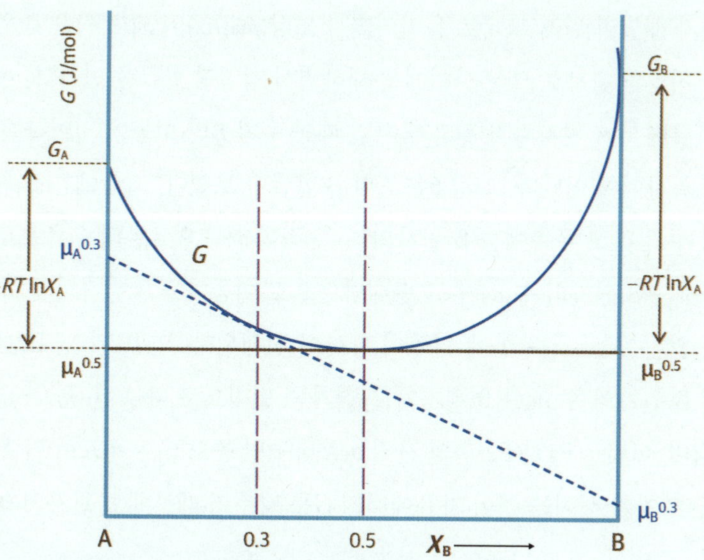

그림 5. 조성에 따른 *G* 곡선으로부터 얻는 화학 퍼텐셜

원자가 1 mole만큼 들어오면 G_A만큼의 에너지 증가가 일어난다. 그런데 B 원자가 순수한 A에 들어오면 μ_B가 무한대로 작아져서, B 원자를 받아들이려는 매우 큰 욕구를 갖는다.

그림 5에서는 $X_B = 0.3$인 합금과 $X_B = 0.5$인 합금에서 μ_A, μ_B를 보여준다. 여기서 $\mu_A^{0.5} < \mu_A^{0.3}$이므로 A 원자는 $X_B = 0.3$인 조성에서 $X_B = 0.5$ 조성으로 변화하려는 욕구가 있다. 반대로 B 원자는 $\mu_B^{0.3} < \mu_B^{0.5}$이기 때문에 $X_B = 0.3$인 조성에서 $X_B = 0.5$ 조성으로 변화하면 G가 높아져 이런 방향으로 조성을 변화하려는 욕구가 없다. 따라서 $X_A = 0.7$, $X_B = 0.3$인 합금에서는 A 원자는 내보내고 B 원자는 받아들이려는 욕망이 있는 것이다.

A와 B 합금에서 원자 A에 비하여 B의 크기가 훨씬 작은 경우에는 A 원자 배열이 원래 그대로 유지되면서 모상(matrix)이 되며 작은 B 원자가 침입형 원자로 모상 사이에 존재하면서 침입형 합금을 만든다. 이런 합금에서 A 원자와 B 원자가 섞일 때는 원자 B만 이동이 일어나 침입형 확산이 일어난다. 그림 6은 A와 B 합금이 보인다. 좌측에는 B 원자의 수가 많고 우측에는 B 원자의 수가 적어 좌측으로부터 우측으로 이동하는 B 원자의 수 $\vec{n}_B$가 그 반대방향으로 이동하는 B 원자의 수 $\overleftarrow{n}_B$보다 많아 $\vec{n}_{net} = \vec{n}_B - \overleftarrow{n}_B$에 의하여 확산이 진행된다. 면 P1과 면 P2에 놓인 B 원자의 수 n_B를 B 원자가 흘러가는 면적으로 나누면 (n_B/cm^2)가 되며, 이것을 P1과 P2 면의 간격 α로 나누면 농도 $C_B = n_B/cm^3$가 된다. B 원자가 섞이는 것이 자유에너지 G를 낮추기 때문에 B 원자의 농

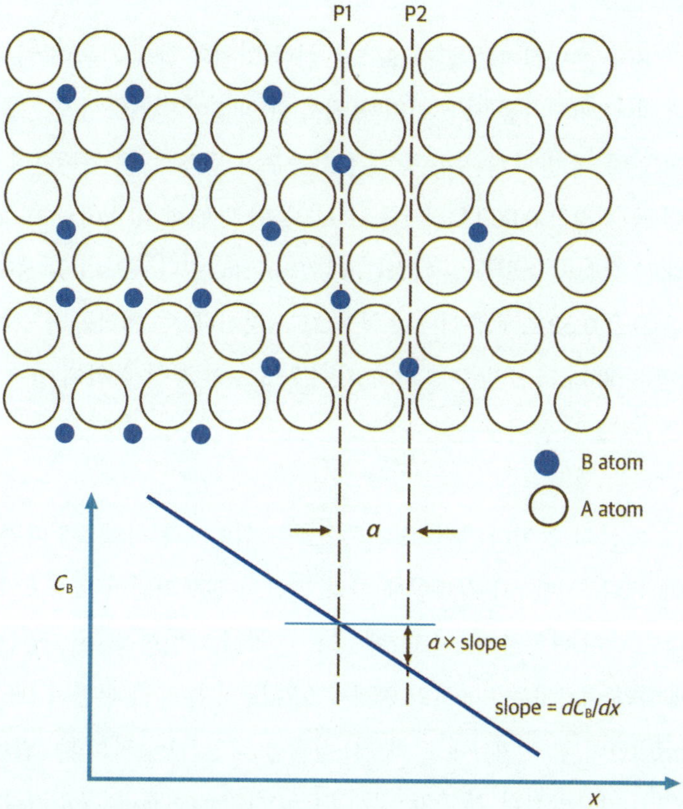

그림 6. 치환형 확산 시 농도 C_B의 변화

도가 높은 곳에서 낮은 곳으로 B 원자의 흐름이 생겨서 시간이 많이 지나면 모든 곳에 B 원자의 농도가 같게 된다. 확산이 일어나 B 원자가 x 방향으로 시간당 면적당 흘러 나가는 플럭스(flux) J_B는 농도 C_B의 기울기 dC_B/dx에 비례한다. 농도 C_B의 기울기 즉 위치x에 따른 농도차이인 농도구배 dC_B/dx가 클수록 확산의 J_B는 증가한다. 이 자연 현상을 수식화한 것이 픽(Fick)의 제1법칙이다. $J_B = -D\,(dC_B/dx)$. 여기서 D는 확산비례상수로 D가 클수록 높은 플럭스 J_B 가 얻어진다.

지구 온난화 때문인지 요즈음 심한 더위와 함께 가뭄이 여름까지 지속되어 캐나다 등 지구 여러 곳에서 큰 산불이 일어나서 인류를 괴롭히고 있다. 소방차의 진화 능력은 소방수의 플럭스 J에 의존한다. 소방차가 물 저장량 6,000 L(6톤)를 100초 동안 단면적 10 cm^2의 호스로 뿜어내면 호스의 소방수 플럭스는 6 L/(sec · cm^2)이다. 즉 2 L의 생수병에 담은 물을 0.33초에 뿜어내며 불을 끄는 것이다. 큰 헬리콥터는 물탱크에 약 8,000 L의 소방수를 담고 가서 2~3초 만에 산불 위에 아주 큰 플럭스 J로 물을 쏟아붓는다.

확산이 일어나면서 조성 $C(x, t)$는 위치 x와 시간 t에 따라 변화하게 된다. 시간 t가 경과함에 따라 확산이 진행되면서 조성 C와 플럭스 J도 같이 변화한다. 시간 t에 따른 C 곡선의 변화율 (dC/dt)는 위치 x에 따라 변화하는 J 곡선의 변화율 (dJ/dx)의 음의 값과 같아 $(dC/dt) = -(dJ/dx)$이다. 이제 J에 픽의 제1법칙을 대입하면, 픽의 제2법칙으로 알려진 미분방정식 $(dC/dt) = D\,(d^2C/dx^2)$이 얻어진다. 우리가 할 것은 다양한 확산이 일어날 때 초기 조건과 경계 조건을 이용하여 그 확산 문제에 적용할 미분방정식의 해(solution)인 $C(x, t)$를 구하는 것이다.

다음은 픽의 제2법칙을 사용하는 하나의 예이다. 그림 7은 초기 $t = 0$에 사인(sine) 곡선 형태의 농도가 존재하는 시료에서 시간 t가 경과함에 따라 농도 $C(x, t)$가 어떻게 변하는지 보여준다. 시간 t가 무한히 경과하면 모든 곳에서 소재의 평균 조성 $C(x, \infty) = C_f$가 얻어진다. 이런 공정을 균질화(homogenization)라 한다. 초기 조건으로 농도는 $C(x, 0) =$

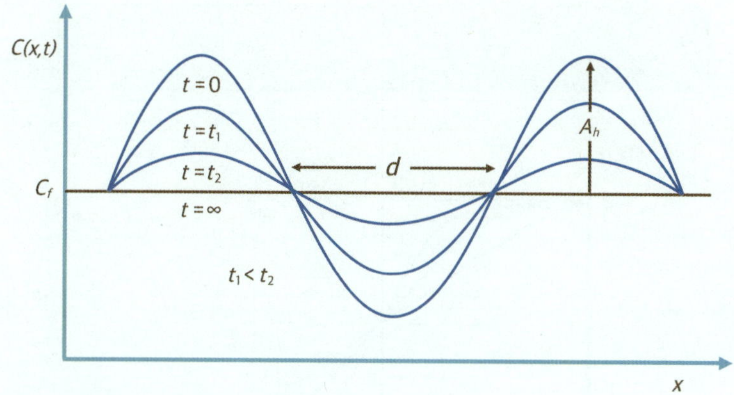

그림 7. 균질화가 일어나는 시스템에서 농도 $C\,(x,\,t)$의 변화

$C_f + A_h \sin(\pi x/d)$로 얻어지는데, 여기서 C_f는 평균농도, d와 A_h는 사인 커브의 1/2 파장 그리고 진폭이다. 확산비례상수 D가 조성에 무관하게 일정하다면, 농도 $C(x, t)$의 해는 $C(x, t) = C_f + A_h \sin(\pi x/d)\cdot\exp(-t/\tau)$로 얻어진다. 여기서 τ는 완화시간(relaxation time)이라는 상수 값으로 d가 짧을수록, D가 클수록 τ가 작아져 짧은 시간 t에 $\exp(-t/\tau)$의 값이 0에 도달한다. 즉 빠른 조성의 균질화가 얻어지는 것이다.

그림 8은 탄소농도 C_1과 C_2의 조성을 갖는 2개의 거의 무한한(semi-infinite) 길이를 가지는 저탄소강 시료를 접합해서 확산을 일으킬 때 시간 t가 지남에 따라 시료가 접합된 상태에서 조성이 어떻게 변해 가는지를 보여준다. 처음 즉 $t = 0$에서 바(bar) 시료의 좌측은 C_1 그리고 우측은 C_2의 조성을 가진다. 접합된 시료 위치가 $x = 0$이다. 시간 t_1가 경과하면 계면의 조성은 $C(x, t_1) = C(0, t_1) = (C_2 + C_1)/2$이 되며 연속적인 농도의 변화 $C(x, t_1)$가 얻어진다. 시간이 t_2로 경과해도 계면의 조

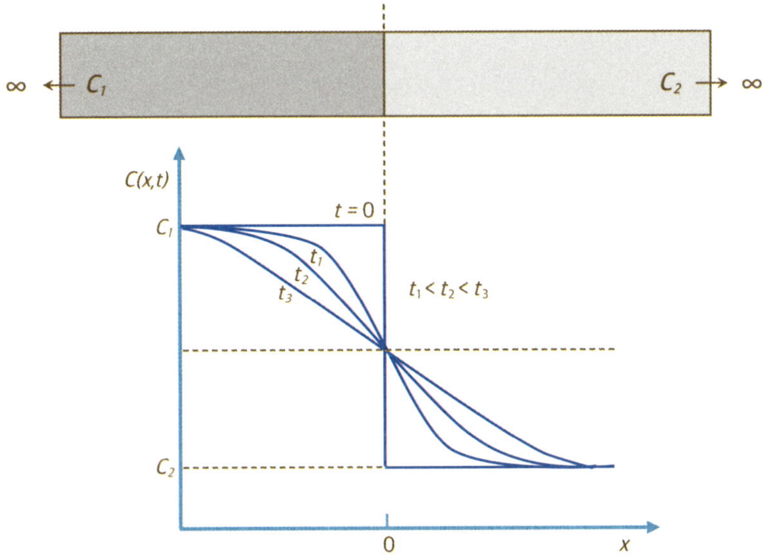

그림 8. Semi-infinite 바에서 시간 t에 따른 $C(x, t)$의 변화

성은 $C(0, t_2) = (C_2 + C_1)/2$은 일정하게 유지되며 농도의 변화 $C(x, t_2)$가 얻어진다. 여기서 설명한 조성의 변화로 $C(x, t)$로 픽의 제2법칙을 풀면 그 해가 $C(x, t) = (C_2 + C_1)/2 - (C_2 - C_1)/2 \cdot \mathrm{erf}\,(x / 2\sqrt{(Dt)})$로 얻어진다. 오차함수(error function)인 erf (Z)는 − 1과 + 1 사이의 값을 가진다. 참고로 erf (0) = 0, erf (0.5) = 0.5, erf (100) = 1, erf (1000) = 1이다. 이와 같이 조성 $C(x, t)$는 초기 조건과 경계 조건을 이용하여 픽의 제2법칙의 해를 풀어 얻어진다.

A 원자로 이루어진 격자 속에서 침입형 B 원자의 확산이 일어나는 속도는 확산비례상수 D_B에 의존한다. D_B를 지배하는 B 원자의 초당 점프 수 Γ_B, 이웃하는 자리로 점프할 확률 1/6 그리고 이웃하는 확

산할 자리의 면간격이 α라면 $D_B = 1/6 \cdot \Gamma_B \cdot \alpha^2$이 얻어진다. 실험적으로 1000 ℃인 fcc 철에서 탄소의 확산계수 $D_B = 2.5 \times 10^{-10}$ m²/s가 측정된다. 여기서 격자상수 a = 0.37 nm이므로 α = 0.37/√2 = 0.26 nm이다. $D_B = 1/6 \cdot \Gamma_B \cdot \alpha^2$에 D_B와 α를 대입하면 $\Gamma_B = 2 \times 10^9$ jumps/s가 얻어지는데, 1000 ℃에서 탄소 원자의 원자의 진동수는 초당 10^{13}이므로 약 10,000번의 탄소 원자의 진동 중에 단지 한 번만이 이웃하는 자리로 점프를 성공하여 탄소 원자의 이동 즉 확산이 성공적으로 일어나는 것이다.

그림 9의 좌측은 모상인 하얀 원자 기지 속에서 침입형 검은 원자가 x = 0에 놓여 평형 조건에 있는 것을 보여준다. 검은 원자가 x 방향에 있는 a 거리의 이웃하는 평형 위치로 이동하려면 x = 1/2 a 위치에서 하얀 원자 격자는 아주 큰 비틀림을 거쳐야 한다. 여기에서 x =0 위

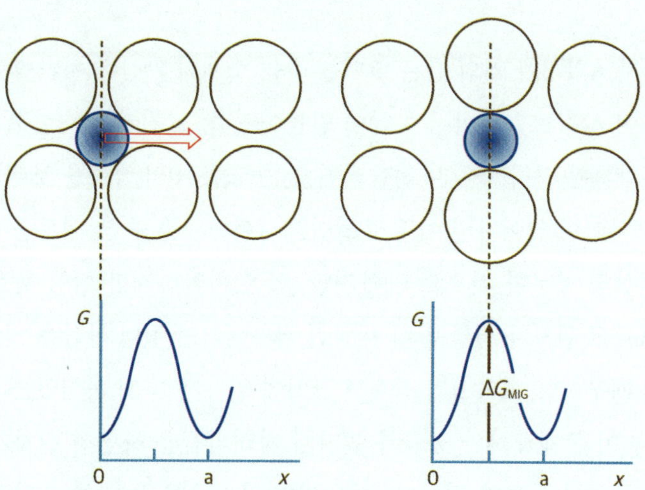

그림 9. 침입형 원자의 이동과 이에 따른 격자 찌그러짐

치에서 $x = 1/2$ a 위치를 거쳐서 다시 평형위치 $x =$ a로 이동함에 따른 자유에너지 G를 변화를 보여준다. 즉 침입형 원자가 $x = 1/2$ a에서 격자 비틀림을 거쳐서 이동(migration)하려면 활성화 에너지 언덕으로서 ΔG_{MIG}만큼의 자유에너지 증가가 필요한 것이다. 침입형 원자가 x 방향으로 평균 진동수 υ로 진동한다면 이웃 자리로 점프할 수 있는 확률은 $\exp(-\Delta G_{MIG}/RT)$이다. 3차원적인 공간에서 침입형 점프가 가능한 자리가 z개 있다면 확산 점프 진동수 $\Gamma_B = z \cdot \upsilon \exp(-\Delta G_{MIG}/RT)$이다. 앞에서 $D_B = 1/6 \cdot \Gamma_B \cdot \alpha^2$이므로, $D_B = D_{B0} \exp(-\Delta G_{MIG}/RT)$로 쓸 수 있다. 즉 침입형 원자의 확산비례상수는 ΔG_{MIG}과 온도 T에 의하여 지배를 받는 것이다. 침입형 원자가 이동하는 데 필요한 활성화 에너지 언덕 ΔG_{MIG}가 낮을수록, 온도 T가 높을수록 확산비례상수 D_B는 지수적으로 증가한다. 즉 확산이 빨라진다.

원자 A와 B가 거의 같은 크기를 갖는 소재의 확산은 치환형 확산을 통하여 A와 B가 섞여서 합금이 만들어진다. 크기가 비슷한 A와 B 원자가 각각 완전히 채워져 접합되어 있는 그림 10의 좌측을 보여주고 여기서 "확산이 일어나면 어떻게 될까?" 시험문제를 주면, 대부분 학생들은 열심히 공부한 것으로 답하지만, 답은 미안하지만 항상 틀린 것이다. A와 B 원자가 결함 없이 채워진 격자에서는 절대 확산은 일어나지 않기 때문이다. A와 B의 경계선 근처에 원자가 한 개 비어있는 공공(vacancy)이 존재해야만 공공과 원자가 자리바꿈을 하면서 원자가 이동하여 확산이 가능한 것이다. 같은 원자가 자리바꿈을 하는 자기 확산(self diffusion)과 치환형 확산은 항상 이웃하는 원자 자리에 공공이

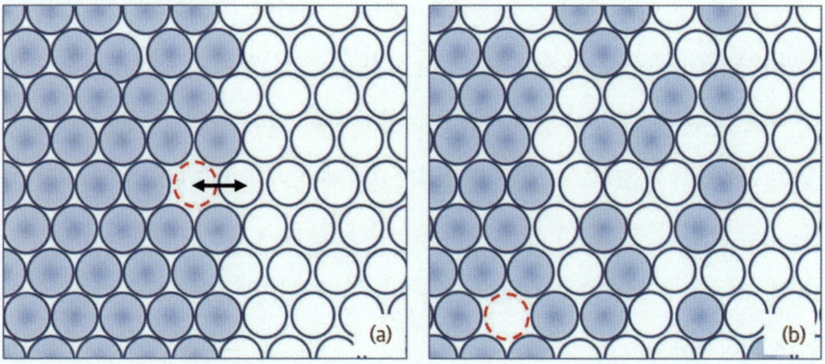

그림 10. 치환형 합금에서 확산과정

존재하는 조건이 만족되어야 원자의 이동이 가능하여 물질 이동이 일어나는 것이다. 일반적으로 고체 소재에서 한 원자의 이웃에 공공이 존재할 확률 X_V는 온도 0 K에서 $X_V = 0$이고 온도가 높을수록 지수적으로 증가하며 공공의 농도 $X_V = \exp(-\Delta G_V/RT)$이다. 이 X_V 값은 열적으로 평형 값을 가진다. 소재의 용융점 직하의 온도에서 X_V는 최대 1/1,000 또는 1/10,000 정도로 증가한다.

치환형 합금에서도 치환형 원자 B가 모상인 A원자 격자에 치환되어 그 자리에 존재할 때 시스템은 가장 낮은 에너지를 가진다. 이웃의 A 원자 격자의 공공 위치로 확산하려면 먼저 이웃하는 모상 원자를 아래위로 벌려야 한다. 이때 모상 원자 격자는 심하게 탄성변형을 해야 하므로 에너지 증가가 필요하다. 즉 치환형 원자의 이동(migration)은 에너지를 ΔG_{MIG}만큼 높인다. 한 개의 치환형 원자가 이런 ΔG_{MIG}를 극복하고 이동할 확률 X_{MIG}는 물론 에너지 언덕 ΔG_{MIG}이 클수록 지수적으로 감소한다. 즉 X_{MIG}는 $\exp(-\Delta G_{MIG}/RT)$에 비례한다. 모상인 원자의 간격이 좁을수록 활성화 에너지가 높아져 원자의 이동 확률은 떨어지고 반대로 간격이 넓어 활성화 에너지가 낮아지면 원자 이동의 확률이 높아진다. 요약하면 치환형 확산이 빠르게 일어나려면 모상의 이웃이 공공일 확률 X_V가 크고 원자의 이동 확률 X_{MIG}가 높아야 한다. 최대의 값 $X_V \times X_{MIG}$가 얻어지는 조건은 치환형 합금의 융점 바로 밑의 높은 온도이다.

치환형 확산이 일어나는 비슷한 원자 크기를 가지며 융점 또한 비슷한 A 금속과 B 금속을 접합하여 확산을 진행시키면 A와 B 원자는 각각 B와 A 모상(matrix) 속으로 확산을 하면서 이동한다. 치환형 확산이 일어날 때 원자의 이동은 항상 공공의 이동과 함께 일어난다. 즉 A 원자 100개가 B 원자 속으로 진행해 나가면 그 반대 방향으로 공공 100개가 움직여 나간다. 그림 11은 A와 B가 접합된 시료에서 확산이 어느 정도 일어났을 때 조성 X_A와 X_B의 변화와 플럭스인 J_A, J_B, 그리고 공공의 플럭스인 J_V가 어떻게 변화하는지 보인다. 여기서 D_A가 D_B보다 작은 것을 가정하였기 때문에 일정 시간 A와 B의 상호확산이 일어나면 B 원자가 A 원자에 비하여 더 많이 퍼져나간 것을 보인다. 이것은 A와 B의 융점이 비슷하다고 가정하면, A 원자에 비하여 B 원자의 이동언덕에너지 ΔG_{MIG}가 낮기 때문일 것이다. 픽의 확산 제1법칙에서 플럭스는 확산비례상수 D와 농도구배 (dC_A/dx)에 비례하기 때문에 B 원자의 플럭스 J_B가 A 원자의 플럭스 J_A에 비하여 더 높고 넓은 분포를 보인다. 아래의 그림에서는 A와 B 원자의 플럭스의 차이인 공공의 플

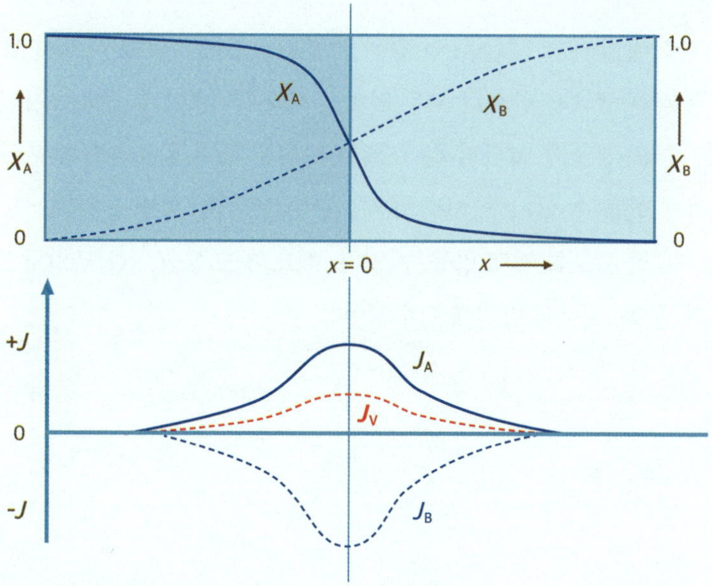

그림 11. A와 B의 확산계수 차이에 의한 flux J_A, J_B, J_V의 변화

럭스 J_V변화를 보여준다. 즉 $J_B = -(J_A + J_V)$이 얻어진다. 따라서 치환형 상호 확산이 일어나면 확산쌍의 오른쪽에서는 공공이 증가하며 반대로 확산쌍의 왼쪽에서는 공공이 소멸되어 공공의 플럭스 J_V가 왼쪽으로 흘러가야 하는 것이다.

A 원자와 B 원자가 불균질한 분포를 갖는 시료를 확산이 가능한 높은 온도에서 오랜 시간 두었을 때 A와 B 원자가 균질하게 분포하게 되는 것이 자유에너지를 낮추는 자연적인 현상이다. 그런데 1,000마리의 유사한 크기의 개들에게 빵을 10개 주면 골고루 나누어 먹는 경우는 절대로 없다. 모든 국민의 돈을 강제로 모두 모아 1년 동안 모든 국

민 각각에게 매달 1일에 1억 원씩 기본소득으로 준다고 가정해 보자. 모두 같은 금액을 받으니 모두 얼마나 행복할까? 이제 꿈에 그리던 균일한 부의 분포가 얻어질까? 소재는 확산을 통하여 원자의 분포를 균일하게 만들 수 있지만, 사람이 사는 사회는 어떤 방법을 통해서도 균일한 부의 분포를 절대 만들 수 없다. 어느 정도 불균일한 부의 분포가 사회, 문화, 역사의 발전에 필수적이다.

7

계면

장난꾸러기 수호는 놀이터에서 미끄럼틀에 올라갔다 내려왔다 재미있게 놀다가 갑자기 으앙 하며 아프다고 울기 시작했다. 매사에 과감한 수호는 너무 과한 점프를 하다 바닥에 앞으로 넘어져 무릎과 얼굴에 찰과상을 입었기 때문이다. 그림 1에 수호는 왼쪽 뺨과 턱에 상처가 나서 큼지막한 살색의 반창고를 붙이고 있다. 평소에는 멀쩡하던 피부에 상처가 나면 어째서 고통을 느낄까? 피부 밑의 속살은 항상 같은 속살을 이웃으로 가지고 있지만 만약 상처가 나서 속살이 공기와 접하면 속살의 표면은 새로운 환경에 놓이는 것이다. 이웃하는 살이 아닌 공기라는 새로운 환경과 만나는 속살의 표면이 새로운 계면에너지를 가지게 되어서 표면 밑에 있는 세포에 비하여 항상 높은 에너지를 가진다. 따라서 상처는 계면에너지의 크기에 따라 통증의 크기가 결정되는 것이다. 계면에너지는 이웃하는 환경에 지배를 받는다. 따라서 상처가 직접 공기에 노출되는 것을 막고 통증을 줄이기 위하여 상처 크림 등을 바른다. 상처 크림과 상처 표면 사이에서 형성되는 계면에너지는 물론 공기와 상처 표면 사이에 형성되는 것보다 적다. 반창고는 공기를 차단하고 상처 크림이 벗겨지는 것을 보호하는 역할을 한다.

나라를 나누는 경계를 국경이라 한다. A 나라와 B 나라 안에는

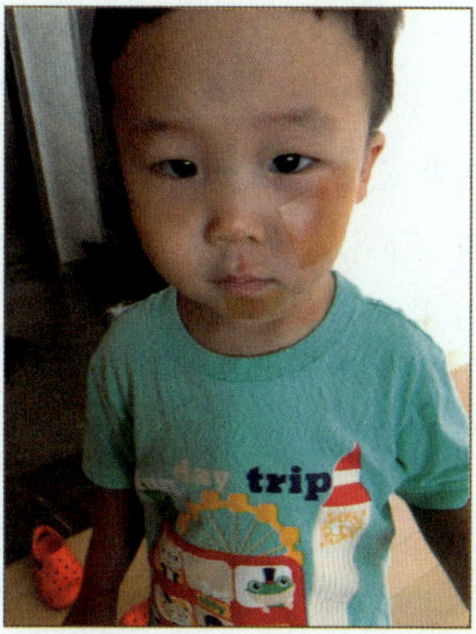

그림 1. 상처의 계면에너지를 낮추는 반창고

각각 A 국민과 B 국민이 살고 있다. 여러 나라를 갈라주는 국경이 있지만, 우리가 통과하기에 아주 어렵고 힘든 국경이 있는 반면에 통과에 아무런 조건이 없이 그냥 통과할 수 있는 국경이 있다. 예를 들면 북한과 남한의 국경을 통과하는 것은 목숨을 잃을 수도 있는 높은 제재와 억제력이 작용하고 있다. 즉 이런 국경에는 아주 높은 화학적 그리고 물리적 장벽이 있고 무심코 이런 국경을 잘못 건너가면 지뢰를 밟거나 총알을 맞을 수도 있다. 즉 이런 국경에는 높은 에너지가 존재하는 것이다. 벨기에, 독일, 네덜란드는 3합점(dreiländereck)에서 국경을 같이한다. 여기에는 높이 322미터인 팔저베르크산(Vaalserberg)이 있는데 네덜란드에서 가장 고도가 높은 지점이다. 세 나라의 사람들은 다른 나라에서 다른 방법으로 세금을 내고 다른 사회제도하에서 국민의 의무와 권리를 가지고 살지만 이 국경에는 물리적인 그리고 또 심리적인 장벽이 거의 없어 이곳의 사람들은 집세가 제일 싼 곳에 살고, 농수산

물이 제일 싼 네덜란드에서 장을 보고, 공산품은 저렴한 것이 가장 많은 독일에서 장을 본다. 여기엔 국경인 국가의 계면(boundary)이 존재하지만 울타리 등의 물리적 장애물은 아예 없다. 반면에 세금이나 국방의 의무 등은 국적을 따라야 하는 의무는 있어 그래도 화학적으로 계면에너지는 존재하는 것이다.

그림 2에는 α상과 β상이 있는 2개의 결정립이 보이는데, 결정립계는 정합 계면 또는 비정합 계면을 만든다. 계면에너지는 계면에 있는 원자의 환경이 결정 내의 원자와 다르기 때문에 발생하는 화학적 에너지 장벽과 계면에서 격자의 찌그러짐에 의한 탄성변형 에너지 장벽으로 구분된다. 비정합 계면에서는 탄성변형 에너지가 적고 주로 화학적 에너지가 크게 작용한다. 반대로 정합 계면에서는 격자의 연속성을 유지하기 위해 격자가 찌그러져 생긴 큰 탄성변형 에너지와 함께 작은 화학적 에너지와 함께 작용한다.

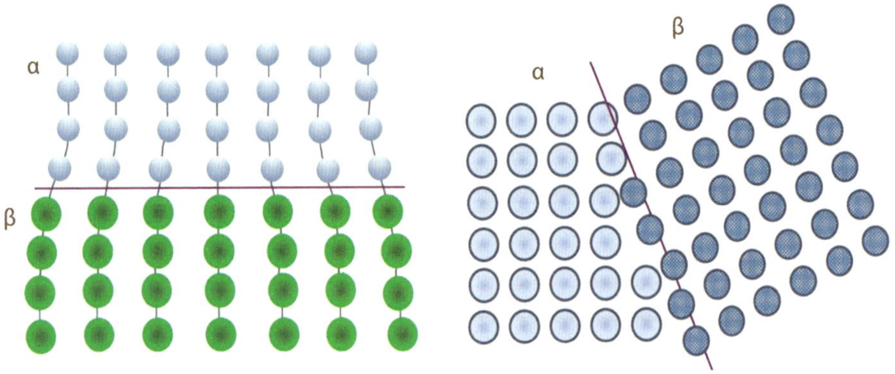

그림 2. 정합계면과 비정합계면

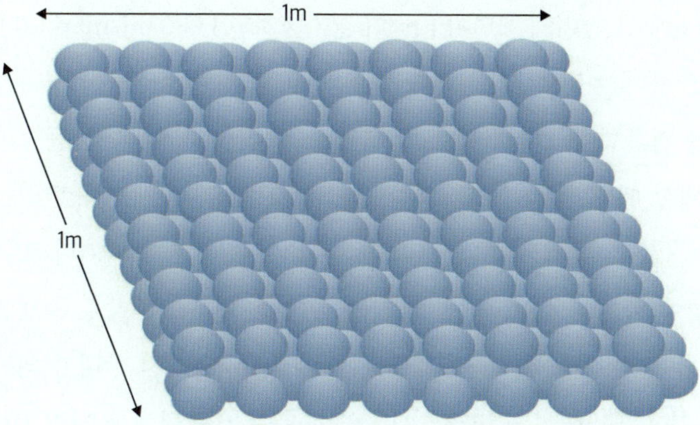

그림 3. Al 원자로 구성된 표면 1 m² 생성에 1,080 mJ 계면에너지가 형성

하나의 고체 소재 속에서 같은 원자를 이웃으로 가지는 원자들은 모두 같은 환경을 가진다. 그런데 고체 재료 표면에서 공기와 접촉하는 원자들은 고체 내부의 원자와는 완전히 다른 환경을 가지므로 그림 3에서 표면에 놓인 원자들의 표면에는 고체(solid)/기체(vapor) 사이의 계면이 존재하고 여기에는 계면에너지 γ_{sv}가 존재한다. 계면 1 m²이 존재하는 소재는 계면이 존재하지 않는 소재에 비하여 계면에너지 γ_{sv}만큼의 높은 에너지 상태에 있는 것이다. 계면에너지 γ_{sv}는 재료에 따라 변화하는데, 알루미늄에서 1,080 mJ/m², 은에서 1,120 mJ/m², 금 1,390 mJ/m², 동 1,710 mJ/m², 백금 2,280 mJ/m²이다. mJ/m²은 erg/cm²과 동등하다. 일반적으로 금속의 용융점 온도가 높아질수록 높은 γ_{sv}가 얻어진다.

알루미늄의 비열은 0.215 cal/g·°C = 0.9 J/g·°C이다. 그런데 알루

미늄 1 g에 고체/기체 계면이 1 m^2가 생겨나려면 1,080 mJ/m^2 = 1.0 J/m^2이 필요하다. 이것은 알루미늄 1 g에 온도 약 1 °C 정도를 높이는 에너지가 필요함을 의미한다. 무게 1 g을 가지는 알루미늄은 동그란 구로 존재할 때 표면적이 가장 적어 최소의 고체/기체 계면 표면적을 가진다. 반면에 1 g의 알루미늄이 얇은 박막 판재로 제조되거나 또는 알루미늄이 나노(nano) 크기를 가지는 극미세의 나노 분말로 존재할 때는 매우 높은 표면적을 가지게 되어 아주 높은 에너지 상태가 되는 것이다. 부피 1 cm^3의 표면적 6 cm^2의 알루미늄 육면체를 크기 10 nm의 육면체 분말로 제조하면 $10^6 \times 10^6 \times 10^6 = 10^{18}$개의 분말로 쪼개지며 한 분말의 표면적은 600 nm^2이므로 분말의 표면적은 6×10^{20} nm^2 = 6×10^2 m^2 = 600 m^2 = 약 180평(坪)으로 일반 아파트 면적의 3~5배의 면적이 얻어진다. 따라서 재료가 나노화 되면 계면에너지가 600 m^2/6 cm^2 = 1,000,000배 증가하여 재료가 매우 높은 에너지 상태로 변화하는 것이다.

그림 4는 진공체임버에서 대류를 이용하여 제조된 SnO_2 분말을 보여준다. 이 분말의 크기는 평균 15 nm 정도로 일반적인 수백 μm 또는 mm 사이즈의 분말과는 완전히 다른 나노 분말의 물리적 화학적 특성을 나타낸다. 고해상도로 관찰한 결과에 의하면 분말의 내부는 분명히 단결정으로 보이며 표면은 표면에너지에 의하여 결정면의 연속성이 얻어지지 않는 것이 보인다. 이런 표면을 가지는 나노 분말은 단위 부피당 가스를 검출하는 표면적이 아주 넓어서 가스센서로 매우 우수한 특성을 보인다.

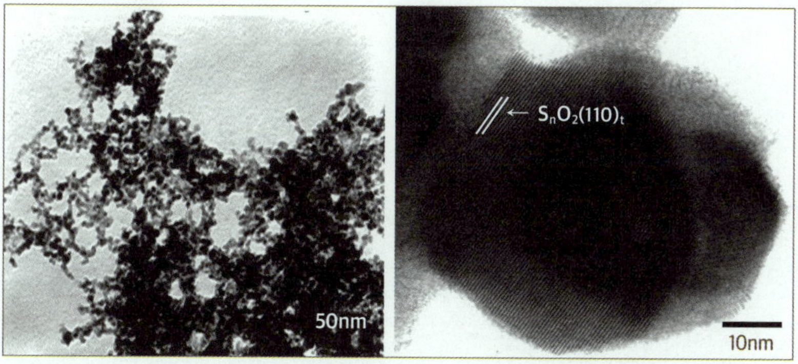

그림 4. TEM으로 관찰한 나노(Nano) 분말

알루미늄이나 철강 재료와 같은 대부분의 금속 소재는 많은 수의 결정립으로 만들어진다. 예를 들면 1 cm^3의 크기를 가지는 알루미늄 소재는 약 64,000,000개의 크기 25 μm의 결정립으로 만들어진다. 이렇게 많은 수의 결정립과 그 경계인 결정립계로 구성된 재료를 다결정 재료라 한다. 결정립의 크기가 작을수록 결정립계의 면적은 증가한다. 따라서 다결정 소재의 각종 물성은 결정립의 크기에 의존하는 것이다.

한 결정립에서 원자들은 모두 일정한 방향으로 놓여있기 때문에, 한 결정립에서 결정면과 결정방향이 같은 배열을 하여 하나의 방위(orientation)를 가진다. 각각 다른 방위에 있는 이웃하는 2개의 결정립 A와 B는 하나의 결정회전에 의하여 방위가 일치하게 된다. 결정회전은 회전축(rotation axis)과 회전각(rotation angle, θ)으로 표현될 수 있다. 그림 5에서는 2개의 결정립에 존재하는 회전축과 회전각 θ와 함께 2개의 결정립이 만드는 계면을 보여준다. 먼저 틸트계면(tilt boundary)을

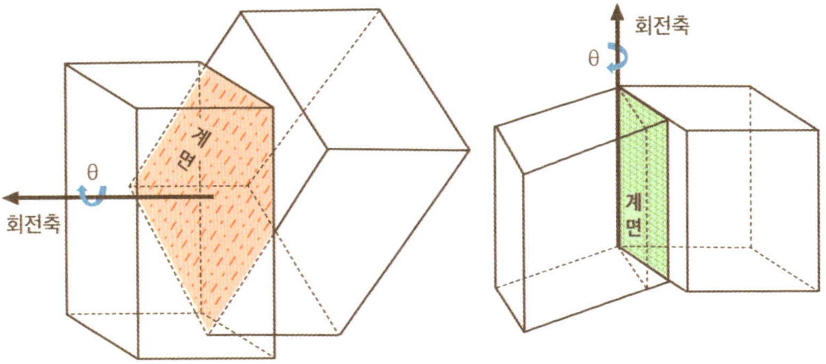

그림 5. 회전계면과 틸트계면

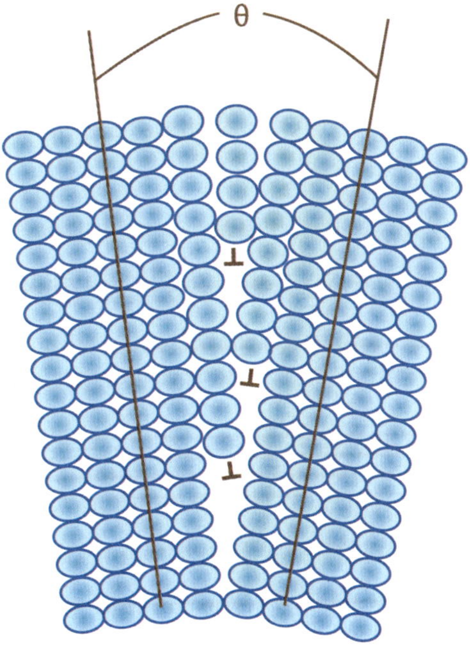

그림 6. 3개의 추가반쪽결정면(EHP) 도입으로 만들어진 틸트계면

만드는 결정립들 사이에는 회전축이 계면에 평행하게 놓여있으며, 회전계면(rotation boundary)을 만드는 결정립들은 회전축이 계면에 수직으로 놓여있다.

이 틸트계면이나 회전계면은 결정립 계면을 이해하기 쉽게 모델화한 특수 계면이다. 일반적인 결정립계의 계면은 평면이 아니기 때문에 이렇게 간단히 모델화하기는 힘들며, 결정립계는 틸트계면이나 회전계면이 혼합된 형태이다. 그림 6에서는 하나의 틸트계면이 몇 개의 칼날전위가 계면에 삽입되어 만들어지는 것이 보인다. 여기서 ⊥ 표시는 8장에서 이야기할 칼날전위이며 칼날전위 위쪽에는 추가된 반쪽 결정면(extra half plane, EHP)이 존재한다.

한 결정립은 원자배열이 일정하기 때문에 하나의 방위(orientation)를 가진다. 이웃하는 2개의 결정립의 방위는 하나의 회전축과 회전각 θ로 일치하게 된다. 이 회전각 θ를 결정립 사이의 방위차(misorientation) θ로 규정한다. 방위차가 $\theta = 0°$면 계면이 존재하지 않아 결정립 계면에너지 $\gamma_{GB} = 0$이다. 따라서 결정립계에 존재하는 계면에너지는 방위차 θ에 의존한다. 그림 7에서는 Al 소재에서 방위차 θ에 의존하는 결정립 계면에너지 γ_{GB}의 변화를 개략적으로 보여준다. 방위차 θ가 약 10~15° 이하를 저경각 결정립계면(small angle grain boundary, SAGB), 방위차가 약 10~15° 이상을 고경각 결정립계면(high angle grain boundary, HAGB)으로 부른다. 방위차 θ가 약 10° 이하의 결정립 계면에너지 γ_{GB}는 θ 각도에 거의 직선적으로 증가한다. 그리고 약

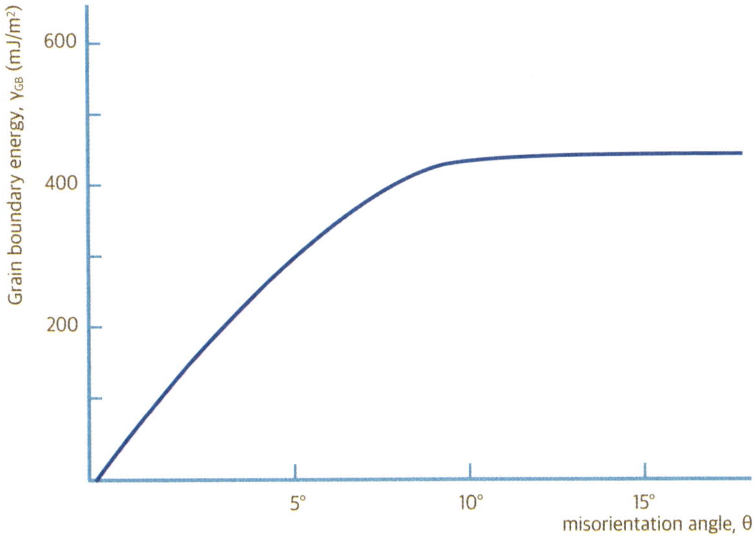

그림 7. 결정립계면의 방위 차에 따른 계면에너지 변화

$\theta > 10^\circ$ 이상의 HAGB에서는 거의 동일한 약 300~450 mJ/m²(erg/cm²) 정도의 결정립 계면에너지 γ_{GB}가 측정된다. 즉 $\theta = 20^\circ, 30^\circ, 40^\circ$일 때 모두 같은 γ_{GB} = 300~450 mJ/m²를 가진다. 만약 HAGB의 γ_{GB} = 400 mJ/m²이라면, SAGB인 $\theta = 1^\circ$일 때 γ_{GB} = 40 mJ/m², 그리고 $\theta = 5^\circ$일 때 약 γ_{GB} = 200 mJ/m²로 취급한다. 금속 재료에서 HAGB의 γ_{GB}는 은에서 375 mJ/m², 금에서 378 mJ/m², 동 625 mJ/m², 백금 660 mJ/m²이다. 대부분의 금속 소재에서 HAGB 결정립 계면에너지 γ_{GB}는 고체/기체 간의 계면에너지 γ_{sv}의 약 1/3 정도로 측정된다.

하나의 시료에 결정립계가 존재하지 않고 모든 곳에서 방위가 일정한 시료를 단결정이라 부른다. 단결정의 표면에는 결정이 배열된 결정방향에 의존하여 고체(solid)/기체(vapor) 사이에 계면에너지 γ_{sv}가 다른 값이 얻어진다. 이것을 고체/기체 계면에너지의 결정이방성(crystallographic anisotropy)라 부른다. 일반적으로 높은 원자밀도를 갖는 결정면의 계면에너지가 낮다. 면심입방정(fcc)에서는 {111} 결정면이 가장 높은 원자밀도를 가지며, 다음은 {001} 결정면이 높은 원자밀도를 가진다. fcc 결정구조의 단결정을 아주 천천히 응고시켜서 제조하면 낮은 계면에너지를 가지는 결정면으로 표면이 구성되어 그림 8과 같이 14면체와 같은 단결정이 얻어진다. 이 단결정에는 6각형으로 보이는 {111} 면이 8개, 4각형으로 보이는 {001} 면이 6개 나타난다. 이런 단결정을 제조할 때에는 매우 엄격한 조건이 필요하다. 먼저 소재 내에 불순물이 거의 없어야 하고 또한 아주 천천히 한방향으로 응고시켜야 한다. 소량의 불순물도 다양한 방향으로 핵생성을 일으켜 단결정이 아닌 다결정을 생성시킨다. 또한 냉각 온도 및 온도구배를 잘 제어해야 고액 계면이 안정되어 단결정의 제조가 가능하다.

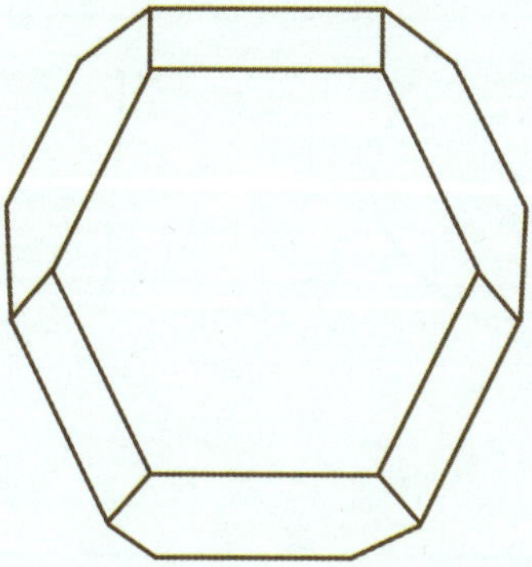

그림 8. 평형 응고 시 형성되는 fcc 단결정의 형태. {111}면 6각형, {001}면 4각형

모든 자연계는 낮은 계면에너지를 가지는 평형 시스템으로 가려고 한다. 즉 최솟값 $\gamma \cdot dA$가 평형상태이다. 그림 9는 4개의 결정립과 결정립계가 존재하는 2차원적인 시료를 보여준다. 좌측의 심하게 볼록(convex)하게 구부러진 결정립계를 갖는 결정립 A의 계면은 높은 $\gamma \cdot dA$을 가지며, 반면에 오목(concave)한 결정립계를 가지는 결정립 B의 계면은 낮는 $\gamma \cdot dA$를 가진다. 시간이 경과하면 결정립 A는 축소하고 결정립 B는 성장할 것이다. 직선의 결정립계는 잘 움직이지 않는 형상이다. 그러나 3차원의 미세조직을 보면 결정립계의 형상이 모두 직선인 결정립은 존재하지 않는다. 수천만 개의 결정립을 가지고 있는 시스템은 높은 온도에서 오래 두면 결정립계의 면적이 점점 줄어들면서 $\gamma \cdot dA$를 구동력으로 결정립의 수가 점차 감소하는 결정립 성장이 일어난다.

결정에는 다양한 쌍정이 관찰된다. 대표적인 쌍정은 적층결함(stacking fault) 에너지가 낮은 금속 소재인 금, 은, 황동 등이 소성변형

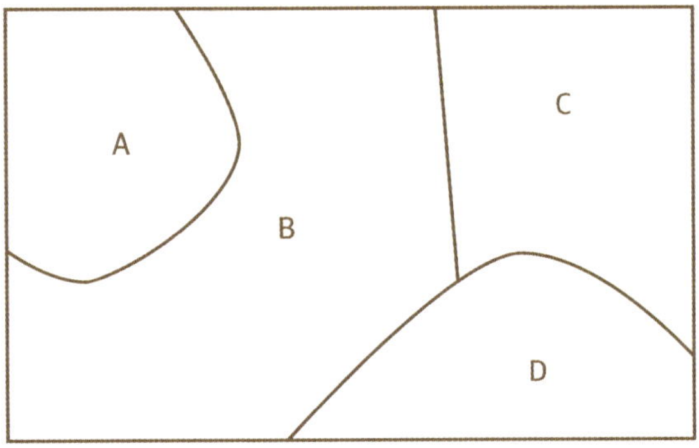

그림 9. 가상적인 4개의 결정립

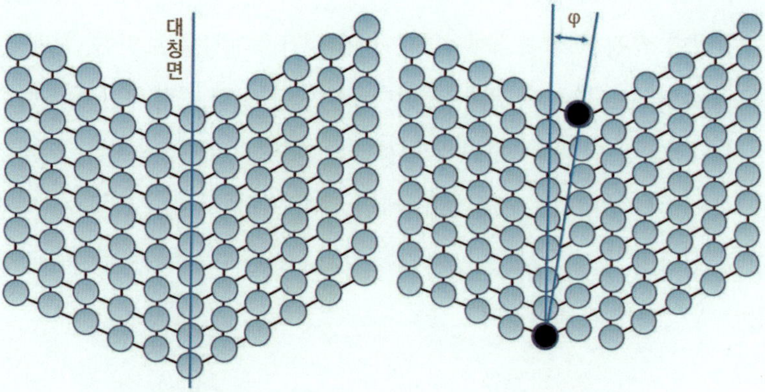

그림 10. 정합쌍정면과 부분 정합쌍정면

될 때 변형기구로 생성되는 변형쌍정이다. 변형쌍정은 특정한 결정면에서 특정한 결정방향으로 일어난다. 예를 들면 fcc에서 변형쌍정은 {111} 결정면 위에서 [112] 결정 방향으로 일어난다. 또 한 종류의 쌍정은 금속소재를 가열, 즉 어닐링 할 때 생겨나는 어닐링 쌍정이다. 어닐링 쌍정은 소재에 존재하는 잔류응력을 감소시켜 주는 계면을 제공하는 역할을 한다. 모든 쌍정은 거울대칭면을 쌍정 계면으로 가진다. 거울대칭면을 계면으로 가지는 결정을 쌍정(twin)이라 하며 거울대칭을 만드는 거울면을 쌍정면이라 부른다. 쌍정 계면을 경계로 양쪽에 있는 결정에는 어떤 결정결함도 존재하지 않는다.

그림 10에서 계면에 놓인 원자들은 우측과 좌측 결정립에서 모두 정상적인 위치에 있어 정합(coherent) 쌍정 계면이 만들어진다. 그리고 이 계면은 주위에 격자 비틀림에 의한 잔류응력도 존재하지 않는 특

수한 정합 쌍정면이다. 물론 이 쌍정면은 거울대칭을 보인다. 부분 정합(partially coherent) 쌍정면의 계면에서는 단지 몇 곳에서만 이웃하는 결정과 정합을 만든다. 계면에서 정합을 만드는 원자들을 검은 원자로 표시하였다. 재미있는 것은 계면에서 떨어진 원자들은 모두 거울대칭에 의한 쌍정 관계를 보이나, 계면이 각도 φ만큼 거울면과 벗어나 부분 정합 쌍정면이 만들어진다.

그림 11은 정합에서 벗어난 각도에 따른 쌍정 계면에너지의 변화이다. $\varphi = 0°$인 정합쌍정 계면에는 대략 20~30 mJ/m^2 정도의 아주 낮은 계면에너지가 존재하며, φ가 0°로부터 벗어나면 급격히 계면에너지가 증가하여 부정합 쌍정계면이 되며 φ에 관계없이 대략 약 300 mJ/m^2 정도가 얻어진다. 이와 같이 일반적인 부정합 쌍정 계면에는 HAGB의 계면에너지 γ_{GB}의 약 절반 정도의 γ가 존재한다.

그림 12는 A, B, C 결정립 3개가 만나는 삼중점(triple point)를 보여준다. 힘의 평형 $\gamma_{AB}/\sin\theta_{AB} = \gamma_{BC}/\sin\theta_{BC} = \gamma_{AC}/\mathrm{si}\theta_{AC}$에 의하여 삼중점의 위치와 사이 각 θ_{AB}, θ_{BC}, θ_{AC}는 결정립 사이의 계면에너지 γ_{AB}, γ_{BC}, γ_{AC}에 의존한다. 일반적으로 A, B, C 결정립 사이의 계면이 모두 HAGB여서 계면에너지가 $\gamma_{AB} = \gamma_{BC} = \gamma_{AC}$ 같다면 사이 각 $\theta_{AB} = \theta_{BC} = \theta_{AC} = 120°$가 되며 이 삼중점은 안정하여 시간이 지나도 움직이지 않는 평형위치에 놓이게 된다. 만약 계면에너지가 γ_{AB}, γ_{BC}, γ_{AC}가 서로 같지 않으면 큰 계면에너지를 가지는 계면은 줄어들고 작은 계면에너지를 가지는 계면은 증가하여 삼중점의 위치가 변화한다.

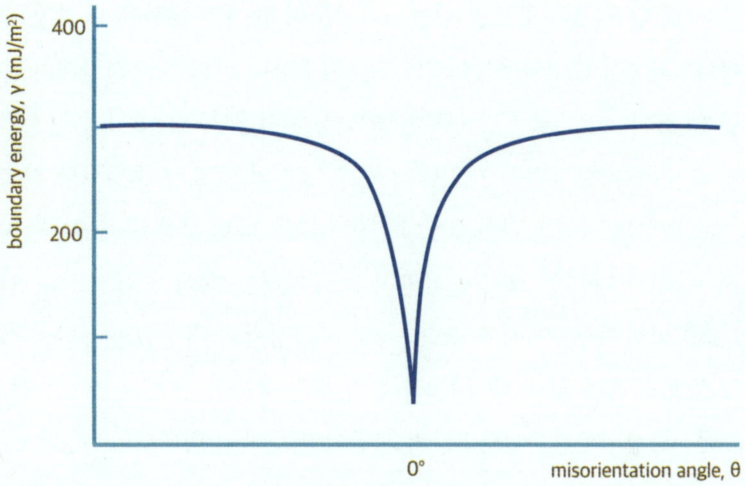

그림 11. 정합에서 벗어난 각도 θ에 따른 쌍정 계면에너지 변화

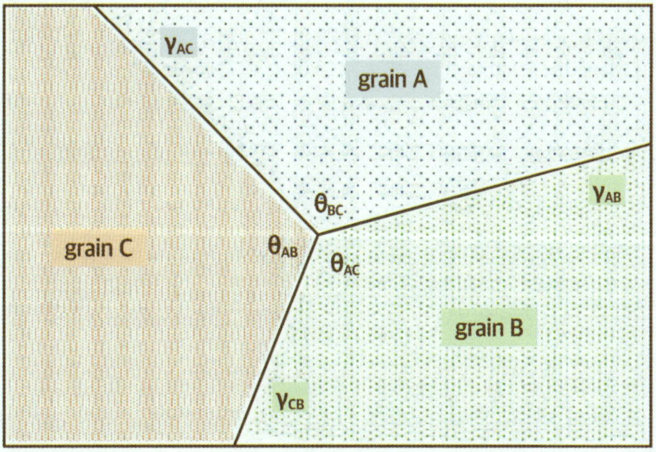

그림 12. 3중점에 놓인 3개의 결정립

서로 다른 결정구조를 갖는 α와 β상이 같이 존재하는 다결정 재료에서 α와 α상이, β와 β상이 그리고 α와 β상이 만드는 결정립계가 존재할 수 있다. $\gamma_{\alpha\alpha}$, $\gamma_{\beta\beta}$, $\gamma_{\alpha\beta}$는 각각 α와 α상, β와 β상, α와 β상의 결정립계에 존재하는 결정립계 계면에너지이다. 만약 재료가 주로 α상 결정립으로 구성되어 있을 때에 β상이 같이 섞여있다면, β상은 계면에너지 $\gamma_{\alpha\alpha}$와 $\gamma_{\alpha\beta}$의 상대적인 크기에 의하여 그 존재하는 위치가 결정된다. 만약 $\gamma_{\alpha\alpha}$에 비하여 $\gamma_{\alpha\beta}$가 매우 크면 β상은 α 결정립의 내부 또는 α상의 결정립계에 그림과 같이 대부분 구에 가까운 형태를 가지고 존재한다. 동그란 제2상인 β상은 α와 β상의 계면이 최소화된 형태이다. $\gamma_{\alpha\beta}$가 $\gamma_{\alpha\alpha}$보다 작은 경우에는 α상의 결정립계에 β상이 존재하는 것이 시스템의 에너지를 낮추게 된다. 3개의 상이 만드는 삼중점에서 표면장력의 균형을 고려하면 $\gamma_{\alpha\beta} < 0.5\ \gamma_{\alpha\alpha}$인 경우에는 β상은 항상 α상의 결정립계를 따라 쭉 퍼져나가면서 결정립계에 존재하게 된다. 이때 β상이 α상의 결정립계에 퍼져나가면서 젖음(wetting)이 일어난다고 한다.

일반적으로 α상 결정립으로 구성된 구조용 소재에 2차상인 β가 결정립계에 존재하면 이 소재는 매우 취약할 수 있다. 대표적인 예로 철강제에 황화물 FeS 등이 β상으로 아주 조금만 존재해도 β상이 기지인 α상의 결정립계에 아주 얇게 퍼져나간다. 이런 소재의 결정립계는 매우 쉽게 부스러져서 철강 재료를 매우 취약하게 만든다. 만약 $\gamma_{\alpha\beta}$가 $\gamma_{\alpha\alpha}$와 거의 같은 값을 가지면 β상은 평형에 있는 α상 결정립계의 삼중점과 동일하게 결정립계 사이 각 120°를 만들면서 존재한다. 그런데 자연에서 정확히 같은 값을 가지는 $\gamma_{\alpha\beta}$와 $\gamma_{\alpha\alpha}$는 발견되지 않는다.

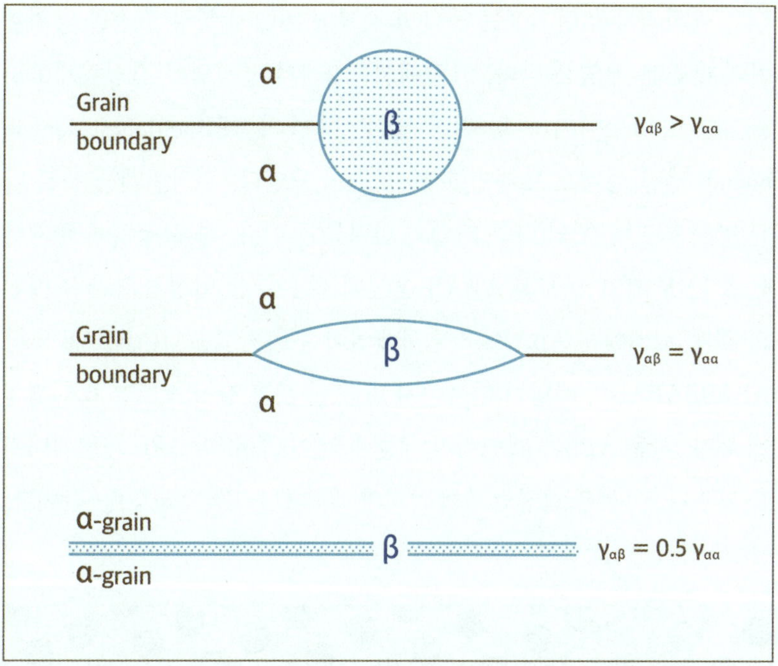

그림 13. α와 β상의 상호 표면에너지 크기에 따른 결정립계에 존재하는 α-상의 평형 형태

A 원자와 B 원자가 잘 섞여서 무질서한 A와 B 원자의 분포를 만드는 고용체(solid solution)와는 반대로 A 원자와 B 원자가 특별히 강한 결합력을 가져서 결합체인 AB화합물을 만들면서 규칙격자(ordered lattice)가 만들어지는 경우도 있다. 이때 A 원자와 B 원자는 고체 상태에서 아주 낮은 ΔH_{mix}를 가져서 아주 강한 결합을 이룬다. 이런 결합은 주로 낮은 온도에서 A와 B가 1:1 조성에서 AB 화합물, 2:1 조성에서 A_2B 화합물, 1:2 조성에서 AB_2 화합물이 독특하게 낮은 G가 얻어질 때 생성된다.

규칙격자의 단위포는 하나의 결정립 내에서 항상 일정한 방위를 가지고 같은 배열을 한다. 그림에서는 2개의 결정립이 결정립계(GB)를 경계로 나누어지며, 한 결정립에는 몇 개의 APB(antiphase domain boundary)를 경계로 도메인(domain)들이 보인다. 결정립계는 서로 다른 방위 즉 단위포의 다른 배열이 만나는 곳이다. 한 결정립에 존재하는 모든 도메인 안에서 ABAB 순서배열은 항상 일정하지만 도메인의 경계 APB에서 ABABAB 순서배열이 무너지고 BABAABAB 또는 ABABBABAB의 배열이 만들어져 밑줄 친 것과 같이 A 혹은 B가 겹치게 된다. 물론 APB는 계면이기 때문에 약 100J/m^{2}의 APB 계면에너지를 가진다. 이것은 결정립계 에너지의 대략 1/4~1/5 정도 되는 값이다.

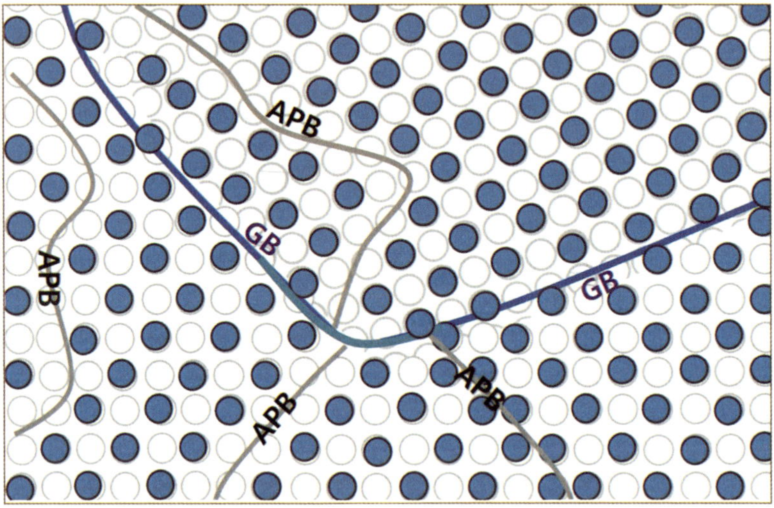

그림 14. 규칙격자 미세조직에서 GB(결정립계)와 APB(anti-phase boundary)

다결정립 재료는 결정립계가 움직일 수 있는 높은 온도에서는 결정립들이 커지는 결정립성장이 일어난다. 결정립이 성장하는 속도, 즉 결정립계가 움직이는 속도 v_{GB}는 계면의 모빌리티 B와 성장하려는 욕망인 구동력(driving force) DF의 곱으로 $v_{GB} = B \times DF$로 얻어진다. 모빌리티 B는 계면에서 원자의 이동과 관계가 있으므로 일반적으로 온도가 높으면 모빌리티 B는 커진다. 그러므로 온도가 낮으면 모빌리티 B가 낮아 구동력 DF가 아무리 커도 v_{GB}가 작아 결정립성장은 거의 일어나지 않는다. 또한 모빌리티 B가 아주 높은 고온이라도 이웃하는 결정립 사이에서 경쟁하여 성장하려는 욕망 즉 구동력 DF이 없으면 결정립성장은 일어나지 않는다.

2개의 이웃하는 결정립 A와 B가 있을 때 A 결정립의 에너지가 이웃하는 B 결정립보다 작으면 A 결정립은 서서히 B 결정립을 잠식하며 성장한다. 즉 한 결정립이 이웃하는 결정립보다 큰 에너지를 가지면 그 결정립은 점차 작아지게 되는 것이다. 외부에서 일정한 변형이 가해져 시료가 소성 변형될 때 시료에 존재하는 각 결정립들의 슬립의 양은 결정방위에 따라 서로 다르다. 결정립의 방위에 의존하는 슬립의 양을 테일러인자(Taylor factor, TF)라 한다. 즉 TF가 큰 결정립의 미세조직은 탄성변형에너지가 전위(dislocation) 등으로 많이 축적된, 즉 결정결함의 농도가 높은 에너지가 높은 결정립이다. 이런 결정결함의 농도가 높은 결정립은 이웃하는 결정결함이 낮은 결정립에 잠식당하며 작아지게 되는 것이다. 또한 볼록한 결정립계를 가지는 결정립의 이웃은 항상 오목한 결정립을 만나서 오목한 결정립이 성장한다. 볼록한 결정립계를 가지는 결정립의 결정립성장 구동력은 결정립의 곡률반경 *r*에 반비례한다. 결국 결정립이 작을수록 결정립 성장의 *DF*는 *r*에 반비례하여 증가하는 것이다.

꿈은 인간이 가지는 목표이며, 목표로 가려는 인간의 욕망이 구동력 *DF*이다. 받는 월급만큼만 일하는 보통의 엔지니어, 연구원, 학자보다는 인류에게 영원히 큰 도움을 줄 수 있는 목표를 *DF*로 키워가는 소재과학자의 꿈은 우리 모두를 기쁘게 한다. 이런 *DF*를 향해서 진보하려면 높은 모빌리티 *B* 환경에 익숙하게 살아야 한다. 가족, 친구, 스승, 선후배, 인문학, 음악, 미술, 운동, 여행, 각종 미디어, 책을 통하여 우리는 높은 모빌리티 *B* 환경에 익숙해질 수 있다. 우리 꿈을 실현하는 속도 v도 언제나 $B \times DF$로 얻어지는 것이다.

8

결정과
결정결함

넓은 광장에 350명의 군인들이 행과 열을 맞추어 하나의 그룹을 형성하고 앞-뒤-옆과의 간격을 일정하게 유지하면서 팔과 다리를 크게 흔들며 절도 있게 행진하고 있다(그림 1). 만약 이 군인들이 각자 사복을 입고 있거나 키 순서에 상관없이 자리를 차지하고 걷는다면 그렇게 절도 있거나 그리고 규칙적으로 보이지 않을 것이다. 그러나 군인들에게 모두 같은 유니폼을 입히고 앞줄부터 그리고 바깥쪽부터 신장이 큰 순서대로 세워놓는다면, 군인 각각은 거의 같은 한 개의 구성원으로 보일 뿐이다. 그림에서 보여지는 퍼레이드를 하는 군인들과 같이 일정한 배열을 하고 있는 그룹도 실제로는 군인들 사이의 간격이 모두 수 센티미터는 차이가 있고 개인 간의 신체적인 차이가 있어 실제로는 이 배열은 정확히 규칙적일 수는 없는 것이다.

그림 1. 규칙적인 배열을 만드는 군인들의 퍼레이드

그런데 단원자로 격자를 구성하는 결정 속의 원자는 수백억 수천억 개가 한 고체시료에 공존하더라도 원자 각자는 정확히 같은 크기와 부피, 무게, 물리적, 화학적, 전기적, 자기적 특성을 가진다. 예외가 거의 없는 고체 결정 내의 원자들의 특성은 인간이나 다른 생명체에는 존재하지 않는 완전한 균일성을 유지한다. 따라서 이 원자들이 상온에서 고체 내에 평형상태로 존재할 때 각각은 같은 공간을 차지하고 이웃하는 원자와 같은 환경을 가진다. 그 결과 대부분의 결정질 소재에서 원자들은 장범위(long range)에서 매우 정확한 원자 배열을 가지는 결정을 만든다. 그런데 특수한 조건에서 고체 원자는 결정을 이루지 않고 비정질 형태로 존재할 수 있으며 이 상태는 대부분 비평형상태이다. 그림 2는 가상적의 비정질 고체를 보여주며 5개의 다른 원자들이 비정질 고체를 만들고 있다. 단 하나 또는 두 개의 원자를 가지고 액체 상태의 구조를 가지는 비정질 고체를 만드는 것은 불가능하다. 액체 상태에서 서로 잘 섞이는 성질을 갖는 원자들은 액상의 ΔH_{mix}가 큰 음의 값을 가지기 때문에 합금은 낮은 녹는점을 가진다. 이런 합금을 녹는점보다 조금 높은 온도에서 빠른 속도로 상온 이하의 온도로 냉각을 시키면 액상의 구조를 갖는 비정질 고체를 얻을 수 있다. 그림과 같이 고체 비정질은 거의 장범위규칙을 가지지 않는다.

이런 비정질 고체를 가열하면 이 안에 존재하는 원자들 중에 가장 결합력이 높은 원자들이 먼저 서로 모여들어 국부적으로 결정을 만들게 된다. 비정질 고체를 계속 높은 온도에서 가열하면 결합력을 가지는 원자들이 계속 서로 합쳐져 국부적인 결정들이 생성되는 것이다.

비정질 합금

부분 결정화가 일어난 비정질 합금

그림 2. 비정질 합금과 부분 결정화가 일어난 비정질 합금

부분적인 결정화가 일어난 비정질 고체에는 그림과 같이 다양한 형태와 크기를 가지는 조각 결정들이 생성되는데, 이것들은 평형상 이전에 생성되는 대부분 나노 크기의 준평형상이다. 이것들의 형성을 적절히 제어하면 우리가 원하는 특성을 갖는 나노 복합재를 제조할 수 있다.

금, 은, 동, 철, 알루미늄 등은 대표적인 금속재료이다. 이들 금속 원자들은 크기, 부피, 무게 등에서 모두 각각 다른 특성을 가지기 때문에 평형상태의 소재에서 존재하는 방법이 각 원자마다 모두 다르다. 길이 1 cm는 10,000,000 nm와 같기 때문에 투과전자현미경을 이용하여 사물을 천만 배로 확대하면 확대한 이미지에서 1 cm는 1 nm의 길이에 해당한다. 결정질 금속소재의 전자현미경 이미지를 관찰하면 그림 3과 같이 원자들이 예외 없이 규칙적으로 배열되어 있는 것을 볼 수 있다. 그림은 철 원자가 약 0.2866 nm 간격으로 놓여있는 것을 보여주는데, 철 결정에서는 1 nm의 길이에 약 3.5개의 철 원자가 놓이게 된다.

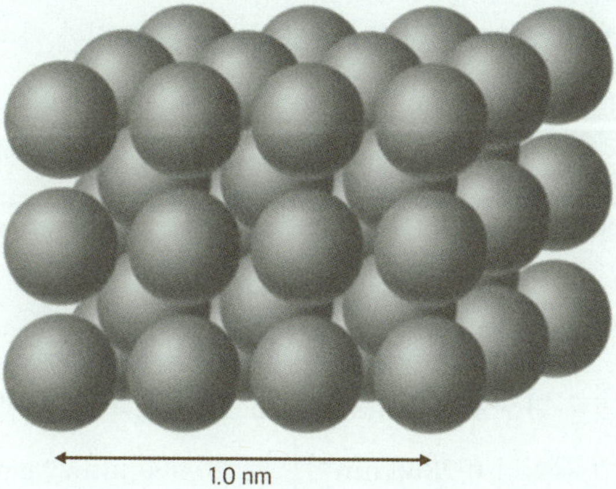

그림 3.
철원자의 규칙적 배열

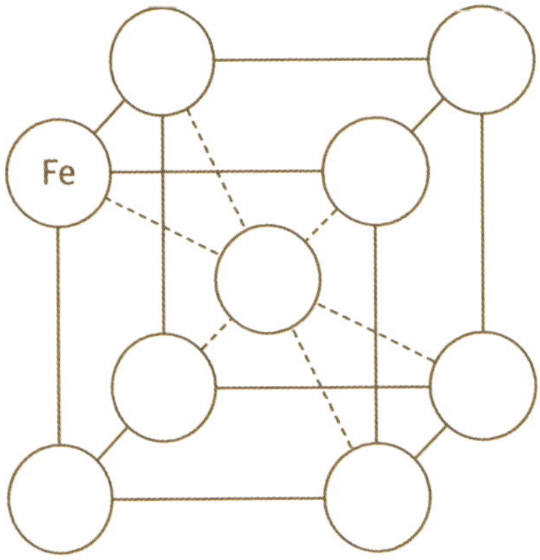

그림 4. bcc 철원자의 위치

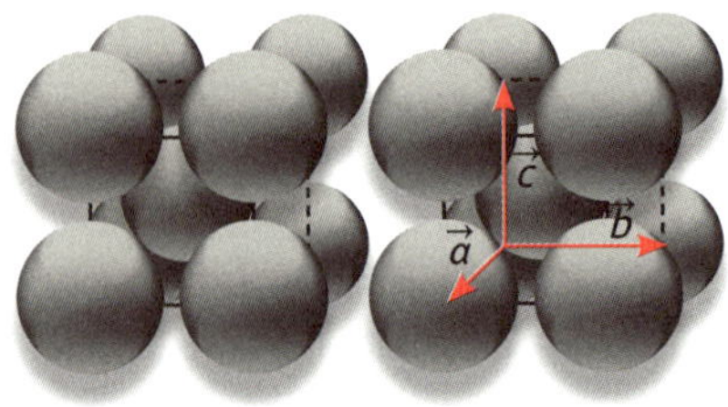

그림 5.
철결정의 단위포(unit cell)와 단위포 벡터

철 원자 배열을 자세히 보면, 그림 4, 5와 같이 9개의 원자로 만들어지는 입방체(cube)가 3차원적으로 반복해서 쌓인 것을 확인할 수 있다. 여기서 입방체의 모든 꼭지점에 철 원자의 중심이 놓이며, 또 입방체의 정중앙에 철 원자가 놓인다. 결정학에서는 하나의 결정을 만드는데 요구되는 3차원적인 최소 부피를 단위포(unit cell)라 한다. 그림에는 화살표로 단위포의 3개 축을 각각 $\vec{a}$, $\vec{b}$, $\vec{c}$ 벡터로 정의하였다. 상온의 철 결정에서는 이 3개의 벡터는 서로 수직한 벡터이며 길이는 모두 같은 a = 0.2866 nm이며, 이것이 격자상수(lattice parameter)이다. 단위포가 반복적으로 쌓여서 만들어지는 결정을 체심입방정(body centered cubic, bcc) 격자라고 부른다.

그러면 결정립들의 크기가 20 μm 정도인 철강재료에는 얼마나 많은 단위포가 똑같은 방향으로 차곡차곡 쌓여있을까? 단위포 한 면의 길이가 0.2866 nm이므로, 20,000 nm(20 μm) ÷ 0.2866 nm = 약

70,000개의 단위포가 한 결정립에서 하나의 같은 방향으로 쭉 배열되어 있는 것이다. 놀라운 것은 우리가 1,000배로 확대해야만 볼 수 있는 가로, 세로, 높이가 20 μm인 매우 조그만 하나의 결정립에는 무려 $70,000 \times 70,000 \times 70,000 = 3.43 \times 10^{14}$개의 단위포가 존재하며 한 개의 단위포에는 2개의 원자가 존재하므로 6.86×10^{14}개의 철 원자가 똑같은 방향으로 규칙적으로 배열되어 있는 것이다. 상온에서 이러한 bcc 격자를 갖는 금속재료에는 철 이외에도 W, Ba, Ca, Ce, K, Ca, Mo, Nb, Ti, V 등이 있다.

그림 6은 동(Cu) 원자로 이루어진 단위포를 보여준다. 단위포를 만드는 3벡터 $\vec{a}$, $\vec{b}$, $\vec{c}$ 가 서로 수직하며 길이가 a = 0.3614 nm인 격자상수이다. 입방체의 모든 꼭지점에 동 원자가 놓이며, 또한 입방체의 육면체 면 중앙에 동 원자가 놓인다. 이 원자 배열의 결정이 면심입방정(face centered cubic, fcc) 격자이다. Cu와 같은 단원자 격자점을 가지

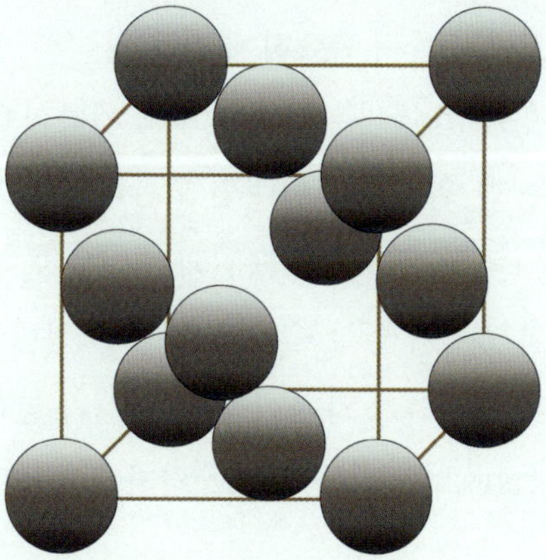

그림 6.
fcc Cu 결정의 단위포
(unit cell)

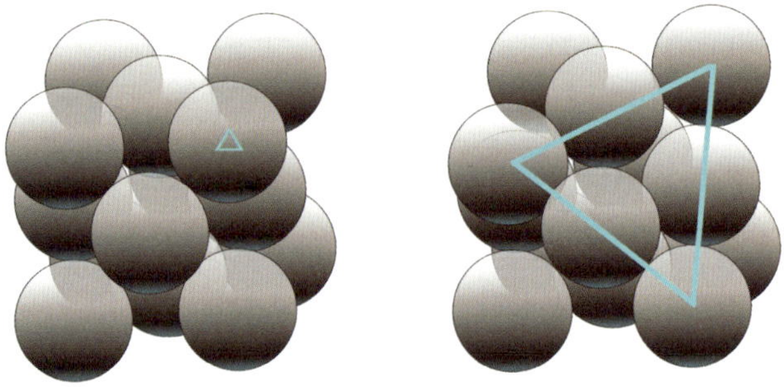

그림 7. 단원자 fcc 격자구조, 위에 △ 표시된 원자를 떼어내면 조밀면이 보인다

는 결정에는 Ag, Al, Au, Ni, Pt, Rd 등이 있다. 이런 원소들은 대부분 귀금속이며, 대부분 부식에 대한 저항성이 크다. 올림픽에서 수상자에 수여하는 메달에 사용하는 금속인 금, 은, 동 순으로 부식에 대한 저항성이 크다.

그림 7은 단원자 Cu 원자 4개(모서리 8개×1/8 + 면 중앙 6개×1/2)로 만들어진 fcc 격자를 보여준다. 단원자 fcc 결정격자에는 모든 ⟨110⟩ 방향으로 원자들이 촘촘하게 서로 붙어서 배열되어 있는 것을 보여준다. 이 방향이 fcc에서 조밀방향이다. 왼쪽의 Cu 결정 단위포에서 삼각형이 표시된 한 원자를 떼어내면 오른쪽 그림이 얻어지는데 여기서 원자들이 하나의 결정면 위에 배열되는 것을 보여준다. 이 면에 놓인 원자들은 구형의 원자가 만들 수 있는 가장 조밀한 배열을 하고 있다. 이와 같이 최대로 조밀하게 하나의 면에 원자가 놓여있는 결정면을 조밀면(close packed plane)이라 부른다. fcc격자에서 조밀면은 {111} 결정면이다.

그림 8은 2개의 Mg 원자가 하나의 격자점을 구성하는 육각형(hexagonal)의 hcp 결정구조를 보여준다. 이 Mg 결정은 hcp 격자로 분류되며 hcp 격자점에서는 6회전 대칭조작이 가능하다. Mg의 격자상수는 a = 0.320944 nm, c = 0.521076 nm이다. 격자벡터의 사이각은 $\alpha = \beta = 90°$, γ = 120° 관계가 성립한다. 이런 hcp 결정에서 원자가 구의 형태를 가진다고 가정하면 hcp 결정의 이상적인 c/a = 1.633이다. Hcp 결정구조가 정확히 c/a = 1.633를 가지면, 이 hcp 결정은 fcc 결정인 Au, Ag, Cu와 같이 조밀(close packed) 결정구조를 가진다. 그러나 자연적인 상태에 존재하는 hcp 결정에서 측정되는 c/a 는 이상적인 c/a 값에 비하여 조금 크거나 작다. 예를 들면 Mg의 c/a = 1.624로 이상적인 값에 비하여 조금 작다. 조밀한 결정구조를 가지는 fcc 금속 Au, Ag, Cu은 부식에 대한 저항성이 크다. 그러나 조밀한 결정구조에서 벗어나 원자 사이에 어느 정도 틈을 가지는 Mg과 Ti (c/a = 1.588), Zn (c/a = 1.856) 등은 부식에 대하여 비교적 취약하다.

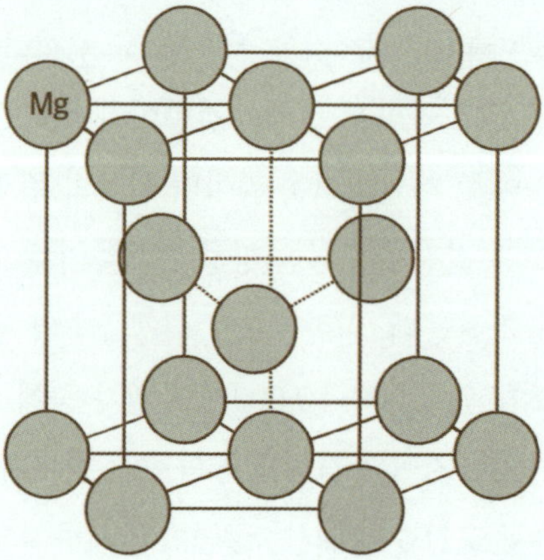

그림 8.
hcp Mg의 결정구조

엄격하게 조밀한 구조의 단원자 격자점을 가지는 Cu, Al과 같은 fcc 결정에서는 조밀한 결정면에서 조밀한 결정방향으로 48개의 슬립계(slip system)가 존재한다. 조밀면은 굴곡이 가장 적은 매끄러운 결정면이며, 조밀방향은 불연속이 없이 원자배열이 연결된 방향이다. 이와 같이 슬립계가 많은 금속에서는 소성변형이 슬립에 의하여 아주 쉽게 일어난다. 그러나 Mg, Ti, Zn과 같은 hcp 결정구조에서는 조밀 결정면과 조밀 결정방향으로 구성되는 슬립계의 수가 매우 적기 때문에 슬립이 억제되어 쉽게 변형쌍정(deformation twin) 등이 형성된다. 변형쌍정이 재료에 발생하면 재료가 급격히 딱딱해져서 경화가 일어나서 소성변형이 어렵게 된다. 즉 Mg 또는 Mg 합금과 같이 hcp 결정구조를 가지는 대부분의 금속소재는 소성변형이 매우 어렵다.

앞에서 이야기한 것과 같이 금속 결정에서는 모든 원자가 동일한 조건을 가지고 고체 내에 규칙적인 배열을 하고 있다. 그런데 그림 9에서는 한 원자의 자리가 비어있다. 즉 이렇게 결정에서 원자가 있어야 할 곳이 비어있는 것을 공공(vacancy)이라 부른다. 결정격자의 결함의 한 종류로 공공은 점격자결함이라 한다. 고체 결정에 공공의 존재는 것은 아주 자연스러운 것이며 공공의 존재는 열역학적으로 안정한다. 즉 고체 결정에 공공은 항상 존재하며 온도가 올라갈수록 공공의 개수는 증가하는데, 일반적으로 결정금속의 용융점 근처의 높은 온도에서는 최대 약 1,000~10,000개의 원자 중에 한 개의 공공이 존재하며, 온도가 낮아지면 급격히 공공의 수는 감소하며 우리가 경험을 할 수 없는 낮은 온도인 0 K에서는 공공이 존재하지 않는다.

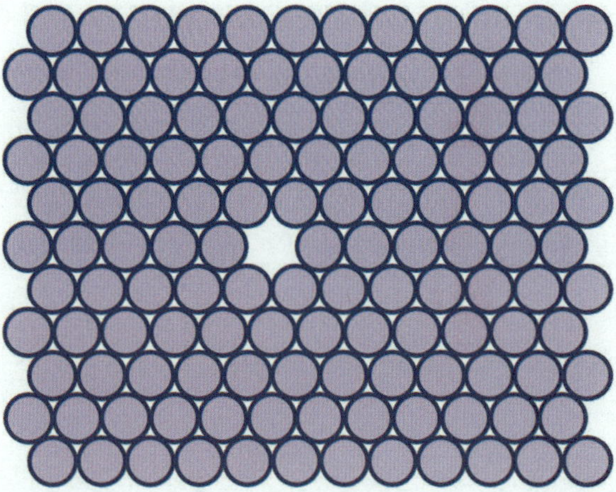

그림 9. 공공 1개가 존재하는 격자

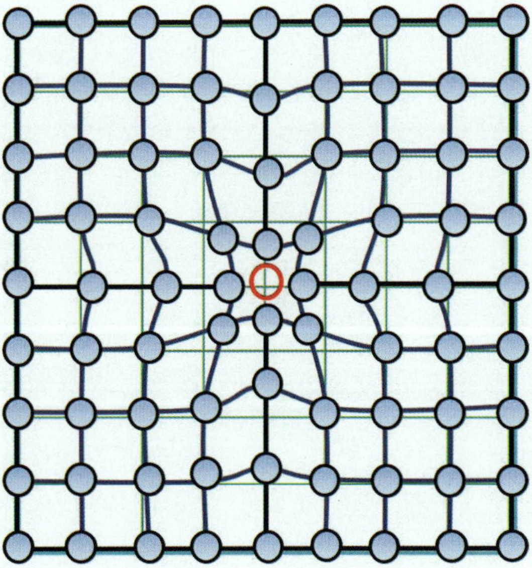

그림 10. 공공에 의한 격자의 찌그러짐

최대 공공의 개수는 고체 원자 1,000~10,000개 중의 대략 한 개 정도이다. 만 명의 관중이 모인 경기장 관람석에 한 명이 빠져있을 때, 우리는 이 한 명이 존재 하지 않는 것을 거의 인식할 수 없다. 그러나 고체에서는 이 공공이라는 격자결함은 고체의 성질과 특성 변화에 지대한 영향을 준다. 그림 10과 같이 공공의 존재는 그 주위에 격자의 뒤틀림을 만든다. 즉 한 원자가 있어야 할 곳에서 빠져있기 때문에 공공 근처의 원자들은 모두 원래의 원자 위치에서 벗어나 있으며, 이것이 공

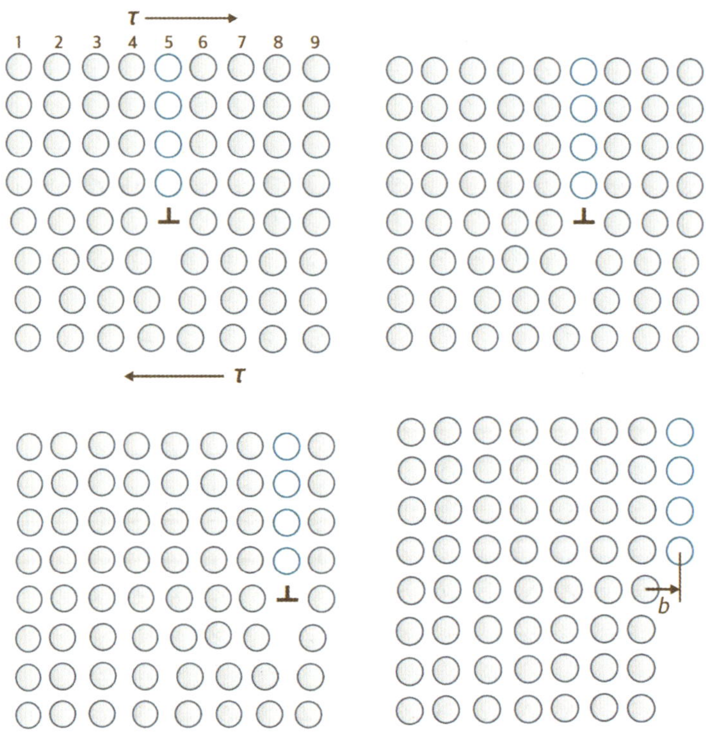

그림 11. 칼날전위의 슬립에 의한 소성변형

공 주위에 격자의 비틀림을 만들며 탄성변형장(elastic strain field)을 만드는 것이다. 이런 공공에 수반되는 탄성변형장은 금속재료의 상변화인 확산, 핵 생성, 재결정, 결정성장, 고온변형 등에 중요한 역할을 한다.

그림 11은 9개의 결정면이 세로로 나란히 배열되어 있는 것을 보여주는데, 여기서 5번째 결정면은 위쪽 반만이 존재하며 아래쪽 반이 존재하지 않는 것이 보인다. 이것은 5번 결정면을 8개의 나란히 놓여 있는 결정면들 사이에 찔러 넣은 것으로 볼 수 있다. 그래서 이 5번 결정면을 추가된 반쪽 결정면(extra half plane, EHP)이라 부른다. 결정 속으로 찔려 들어간 EHP 바로 밑에는 있어야 할 원자들이 존재하지 않아 결정결함인 공공이 쭉 이어져 연속적으로 존재하는 것으로 생각할 수 있다. 이와 같은 선으로 쭉 이어진 결정결함들이 만드는 격자의 탄성변형 뒤틀림을 우리는 전위(dislocation)라 부른다. 5번 결정면의 하단을 지나 조금 더 아래쪽으로 내려가면 격자는 찌그러져 있으나 5번 결정면이 없어도 원자들은 다시 정상적인 위치에 놓여 완전한 결정을 만드는 것에 주목할 필요가 있다. 그림과 같이 선형의 결정결함이 EHP 하단을 따라 연결되어 존재할 때 우리는 이것을 칼날전위(edge dislocation)이라 부른다. 여기서 ⊥는 칼날전위가 존재하는 위치를 표시한다.

소재에는 나선전위(screw dislocation)도 존재하는데 이것은 나사의 형태로 회전하는 선형의 응력장을 만든다. 주목할 것은 순수한 칼날전위나 나선전위는 모두 직선인 전위이다. 하지만 실제 결정에는 셀 수 없이 많은 전위가 존재하며 전위선(dislocation line)의 모양은 결정

내에서 항상 변화하고 모양에 따라 위치에 따라 칼날전위 또는 나선전위가 되므로, 칼날전위 나선전위는 선형의 탄성응력장을 만든다는 것 이외에는 물리적으로 크게 중요하지 않다. 전위가 거의 없는 덩어리 금속결정에서 관찰되는 전위 밀도는 약 $10^6/cm^3$ 정도로 알려져 있는데, 이것은 10^6개의 전위가 1 cm^3 내에 선형의 탄성응력장으로 존재하는 것을 의미한다. 이것은 다시 말하면 10^6 cm의 전위가 1 cm^2의 면적에서 관찰된다는 것이다. 10^6 cm는 10,000 m = 10 km의 길이의 전위가 관찰된다는 뜻이다.

칼날전위가 놓여있는 결정면에 그림 11과 같이 전단응력 τ가 작용하면 EHP이 점차 이동하여 전위가 결정밖으로 빠져나가게 되고 위쪽 결정에 변위(displacement) $\vec{b}$가 일어나 위쪽 결정에 $\vec{b}$만큼의 영구변형, 즉 소성변형이 일어난다. 만약 같은 버거스(Burgers) 벡터 $\vec{b}$를 가지는 3개의 전위가 같은 면에서 이동 즉 슬립을 했다면 3배의 변위 즉 소성변형이 얻어질 것이다.

재료 속에 존재하는 전위는 특정한 일정한 부피를 가지는 것도 아니며, 또한 무게도 전혀 가지지 않는다. 전위는 단지 재료 속에 존재하는 선형의 탄성응력장인 것이다. 전자가 투과 가능한 두께 1000 Å = 0.1 μm 정도의 박판시료를 제조하여 투과전자현미경으로 재료 내부를 관찰하면 전위에 수반된 탄성응력장이 그림의 TEM 이미지에 검은 선의 대조(contrast)를 만들기 때문에 우리는 전위를 관찰할 수 있다.

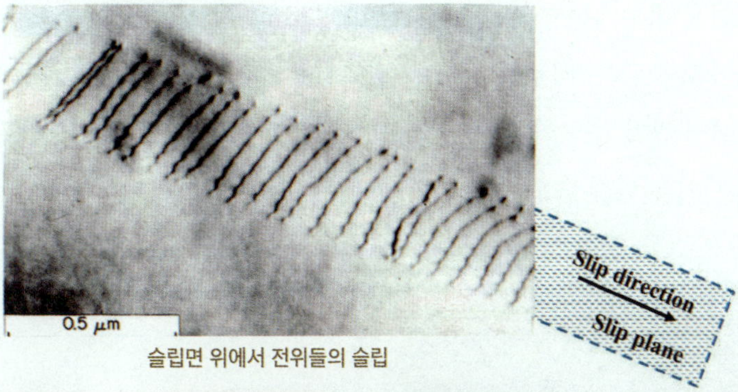

슬립면 위에서 전위들의 슬립

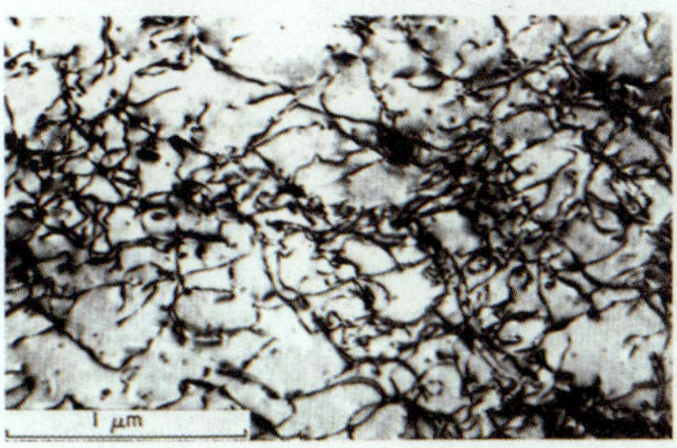

인장시편에서 균일한 전위 분포

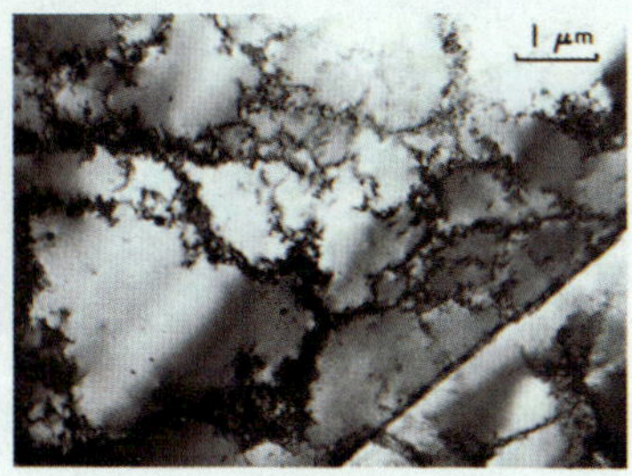

전위셀

그림 12. TEM으로 관찰한 다양한 형태의 전위들

그림 12의 TEM 이미지에서는 박판시료의 한 결정면에 평행한 전위들이 존재하는 것을 보여준다. 실제로 이 전위들은 특정 결정면에서 특정 결정방향으로 슬립을 일으키는 것을 보여주는 것이다. 그림은 가벼운 10% 이내로 인장한 균질 변형을 한 시료에서 관찰되는 균일한 전위들의 분포가 보여지는데, 이 시료에서 전위의 개수/면적으로 전위 밀도를 측정하면 약 $10^9/cm^3$ 정도가 얻어진다. 금속소재에 아주 심한 변형을 가하면 재료 속의 전위의 수는 증가하며 전위들은 금속 내부의 미세조직에서 좀더 편안한 형태로 전위셀(dislocation cell)을 형성한다.

전위셀 내부에는 거의 전위가 보이지 않으며 전위셀 벽에는 많은 전위들이 관찰된다. 이것은 실제 두께 약 0.1 μm의 투과전자현미경 박판시료에서 관찰되는 미세조직이다. 만약 박판시료가 10배 정도 더 두껍다면 거의 전위셀 벽으로 이루어진 미세조직이 관찰될 것이다.

그림 13. 수박을 3D로 관찰한 겉모양, 수박을 2D로 관찰한 속모양

그림 13의 수박 겉모습을 전체적으로 보면 어느 방향에서 보더라도 둥근 구로 보이지만, 먹기 좋게 두께 2 cm로 잘라내어 2차원적으로 보면 수박 껍질과 맛있는 붉은 수박 내부(과육)로 구성되어 있다. 전위셀이 2차원적인 투과전자현미경 이미지에서 전위셀 벽과 내부로 관찰되는 것은 수박을 자른 이미지와 같은 원리로 전위셀이 2차원적으로 관찰되기 때문이다.

전위는 재료 속에 존재하는 선형의 탄성응력장으로서 전위가 특정한 결정면에 놓여서 특정한 결정방향으로 움직이면 결정의 상하에 버거스(Burgers) 벡터 $\vec{b}$만큼의 변위(displacement)를 만드는데, 이것을 슬립(slip)이라 부른다. 슬립은 $\vec{b}$에 수직한 특정 결정면인 슬립면에서, 특정 결정방향인 슬립방향 $\vec{b}$로 일어난다. 상온에 있는 금속재료에서 선적인 탄성응력장이 슬립면 위에서 슬립 방향으로 움직이면, 즉 슬립을 하면, 영구변형인 소성변형이 일어나는 것이다. 결론적으로 결정은 매우 규칙적인 원자들의 배열을 가지는데, 이런 규칙적인 원자들의 배열을 갖는 결정에 존재하는 선형의 탄성변형응력장인 전위의 슬립에 의하여 결정의 영구변형이 일어나는 것이다. 외부에서 가해지는 응력에 의하여 하나의 전위는 얼마든지 구부러지고 펴지고 하는 모양 변화와 함께 위치의 변화도 일어날 수 있다. 하지만 이와 같은 위치와 모양 변화에도 한 전위의 특성을 결정하는 버거스 벡터 $\vec{b}$는 전혀 변화 없이 일정하게 유지된다. 즉 한 전위의 모든 특성은 그 전위의 버거스 벡터 $\vec{b}$에 의하여 결정된다.

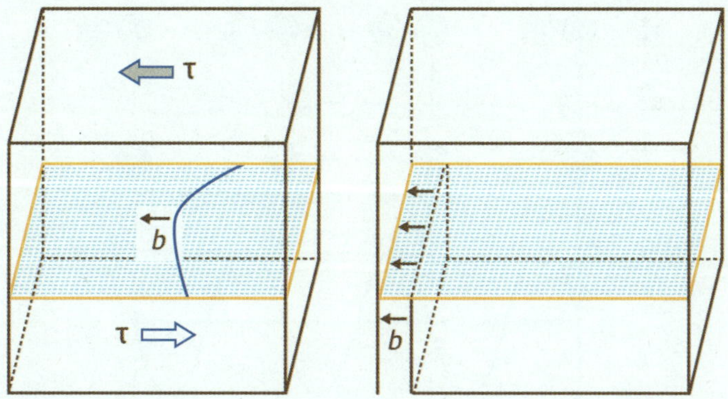

그림 14. 전위의 슬립 전과 슬립 후의 결정모양 변화

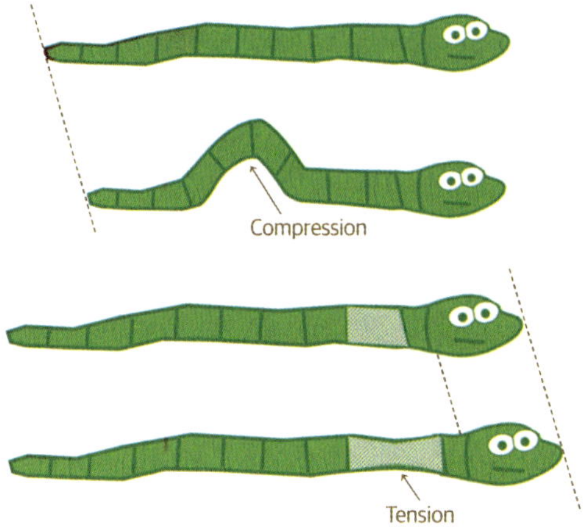

그림 15. 애벌레의 이동, 몸에 수축응력장이나 인장응력장을 만들어 쉽게 이동함

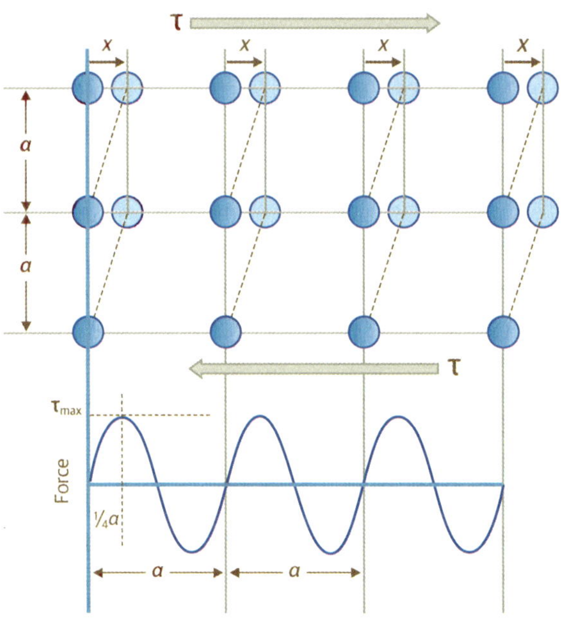

그림 16. 결정에서 원자의 이동 x에 필요한 힘은 사인 곡선을 따른다

그림 15에서 살이 쪄서 똥똥한 배추 애벌레는 $\vec{b}$만큼 우측 방향으로 움직여 나가는데, 애벌레 몸통에 조그만 탄성응력장을 만들어서 작은 힘만을 쓰고 앞으로 진행하는 것을 보여준다. 먼저 꼬리 쪽에서 위쪽으로 작은 압축응력장을 만들면서 애벌레의 꼬리만 $\vec{b}$만큼 움직여 나간다. 이때 꼬리 쪽을 제외한 애벌레의 몸통에는 어떤 변형도 없다. 그다음 압축응력장이 서서히 우측으로 이동하면 애벌레 몸에는 일정한 $\vec{b}$만큼의 몸통 이동이 일어난다. 이 압축장이 벌레의 머리를 지나가면 벌레에는 아무런 응력장이 존재하지 않고 원래의 모습으로 되돌아가며 애벌레 몸통 전체가 $\vec{b}$만큼 이동하는 것이다. 그림과 같이 애벌레는 몸통에 영구변형이 없이 탄성변형만으로 결함인 압축응력장을 만들어 아주 쉽게 뚱뚱한 몸 전체를 이동시킬 수 있는 것이다. 또 다른 그림에서는 애벌레 몸에 결함인 작은 탄성응력장을 만들며 애벌레가 이동해 나가는 것을 보여주는데 여기서는 애벌레의 머리 부근에서 만들어진 인장응력장이 좌측으로 이동하면서 애벌레가 우측으로 $\vec{b}$만큼 전진해 나간다. 이것이 결정에 존재하는 결함인 선형의 응력장인 전위에 의하여 결정이 쉽게 소성변형 하는 원리인 것이다.

그림 16은 fcc, bcc와 같은 입방정(cube) 격자를 가지는 결정을 가상하고 그린 것이다. 고체결정 내에서 원자들의 퍼텐셜(potential) 에너지가 원자의 평형위치로부터 벗어나는 위치 x에 따라 규칙적인 사인(sine) 형태를 가지며 원자들이 평형위치에 있을 때 가장 낮은 퍼텐셜 에너지를 가진다고 가정하면, 원자의 평형위치로부터 벗어나는 위치 x에 따른 힘을 계산할 수가 있다. 최대 전단응력 τ_{max}은 1/4 a에서 얻

어져, 전위가 존재하지 않는 금속결정의 영구변형인 소성변형을 일으키는 데 필요한 이론적인 강도는 2 G/π이다. 여기서 G는 금속의 강성률로 알루미늄, 동, 철의 G는 각각 약 25 GPa(25,000 MPa), 40 GPa, 70 GPa 정도이다.

그런데 실제 금속에서 소성변형이 측정되는 전단응력은 이런 이론적인 강도에 비하여 1/10,000 이하로 매우 낮다. 예를 들면 동의 강성률은 G = 40,800 MPa이지만, 순동에서는 약 0.5 MPa 정도의 응력하에서 벌써 변형이 시작된다. 금속재료에서는 전위의 슬립이 일어나면서 소성변형이 시작되는데, 이렇게 소성변형을 일으키는 응력을 우리는 임계전단응력(critical resolved shear stress, CRSS)이라 부른다. 앞의 애벌레 그림에서 볼 수 있듯이 선결함 전위에 수반되는 선을 따라 이어지는 선형의 탄성응력장의 도움으로 전위들은 슬립을 아주 쉽게 슬립을 일으키기 때문에 모든 금속재료에서 CRSS는 이론적인 강도보다 항상 수만 배 낮은 것이다. 즉 금속재료는 대부분 아주 낮은 응력하에서 전위의 이동으로 쉽게 소성변형이 일어나는 것이다.

우리는 자동차로 어느 곳이나 갈 수 있다고 생각하지만, 자동차가 움직여 갈 수 있는 곳은 아주 제한된 곳으로 대체로 2차원에 놓여 있는 도로 밖을 벗어날 수 없다. 물론 오프로드(offroad)용 차량이 있지만, 이것도 비포장도로 정도를 주행할 수 있으며, 어쨌든 타이어가 굴러가야 주행이 가능한 것이다. 그림 17은 아이슬란드에서 빙하 위와 험한 벌판을 다니는 오프로드 차량을 보여주는데 엄청 큰 타이어를 가

그림 17.
아이슬란드에서 운행하는
오프로드 SUV

진 4륜구동의 차량이지만 이런 차량들도 제한적인 곳들만 관광객을 위하여 아주 저속으로 운행하고 있다. 물론 우리 인간들이 걸어서 가는 곳도 주로 2차원적인 길이다. 우리 앞에 바위 산이나 덤불이나 호수나 강이 있으면 날개가 없는 인간은 앞으로 갈 수가 없다.

버거스 벡터 $\vec{b}$를 가지는 전위가 움직여 나가는, 즉 슬립할 수 있는 결정면은 전위가 놓여있는 특정 슬립면 위이며, 전위가 움직여 이동하여 가는 방향은 슬립면에 놓여있는 슬립방향이다. 예를 들면 fcc에서 (111)은 하나의 슬립면이며, 6개의 ⟨110⟩ 슬립방향이 있다. 즉 (111) 위에는 [1$\bar{1}$0]등 모두 6개의 슬립방향이 있고, 이때 a가 격자벡터라면 슬립벡터인 버거스 벡터는 각각 $\vec{b}$ = a/2[1$\bar{1}$0] 등 모두 6개의 버거스 벡터가 있다. 벡터 $\vec{b} = a/2[1\bar{1}0]$가 의미하는 것은, 크기가 $a/2\sqrt{2}$이며 방향은 [1$\bar{1}$0]인 움직임을 전위가 슬립하면서 만든다는 것이다. 결정구조에 따라 슬립면과 슬립방향이 결정되는데, 대부분 가장 원자밀도가 높은 면에서 가장 원자밀도가 높은 방향이다. 또 하나의 예로 bcc 금속에서 $(1\bar{1}0)$은 하나의 슬립면이며 [111]은 하나의 대표적인 슬립방향이다.

선형의 탄성응력장인 전위선은 하나의 결정 또는 결정립 내에서 끝나지 않고 항상 연속적으로 존재한다. 그 이유는 전위의 탄성응력장이 전위선을 따라 점차 증가하거나 점차 소멸함이 없이 항상 일정하기 때문이다. 하나의 전위가 끝나는 곳은 결정립계면, 결정의 표면 또는 다른 전위 위이다. 전위는 결정립 내에서 둥근 형태의 전위 루프(loop)로도 존재할 수 있다.

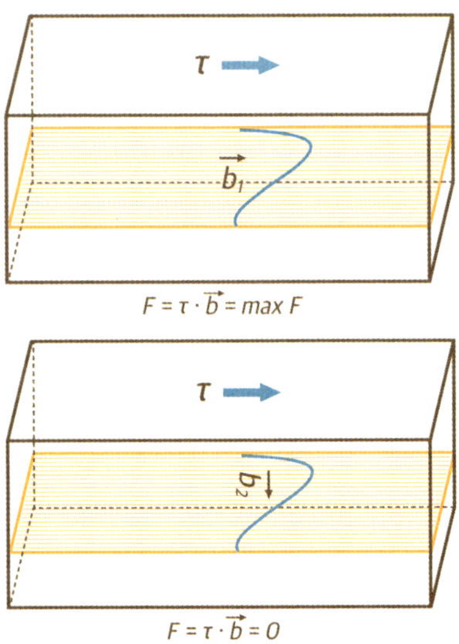

그림 18. 전위가 받는 힘은 응력 방향과 버거스 벡터 방향에 의존

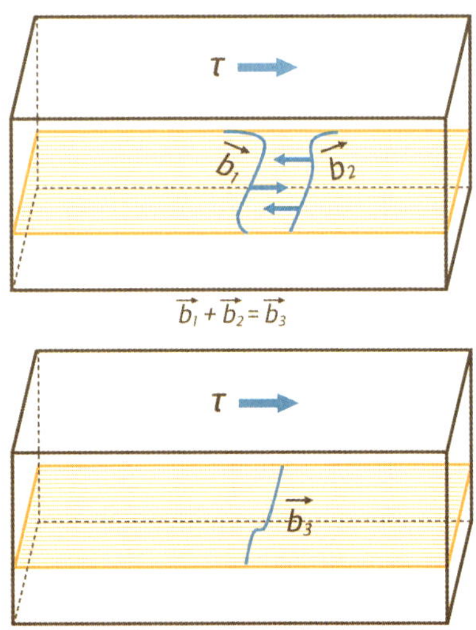

그림 19. 2개의 전위가 합쳐져 1개의 전위가 될 수 있다

버거스 벡터가 $\vec{b}$인 전위가 존재할 때 슬립면에 미치는 전단응력 τ가 있으면 이 전위가 받는 힘 F는 $F = \tau \cdot \vec{b}$이다. 그림 18과 같이 전단응력 τ가 작용하는 방향과 버거스 벡터 $\vec{b}$의 결정방향을 고려해서 F가 결정된다. 전단면에 미치는 전단응력 τ와 전위의 $\vec{b}$가 같은 방향이라면 전위에 미치는 힘 F의 최댓값이 얻어진다. 전단응력 τ가 작용하는 결정면에서 전단응력 τ의 방향에 대하여 수직인 버거스 벡터를 가지는 경우 $F = 0$이다.

부피당 탄성에너지 E/V는 응력과 변형률의 곱으로 얻어지기 때문에, 전위의 단위길이 L당 전위의 에너지 E/L는 $G \cdot b^2$에 비례한다. 자연에 존재하는 모든 것들은 가장 낮은 에너지 상태에 있기를 추구한다. 우리 사람들도 얼굴을 찡그리며 팔과 신체에 심한 탄성변형을 받으면서 높은 바위에 한 손으로 매달려 있는 것보다는 몸에 탄성변형이 거의 없이 푹신한 침대에서 낮은 에너지 상태로 있는 것을 훨씬 편안하게 느낀다. 결정에 존재하는 전위들도 작은 버거스 벡터 $\vec{b}$를 가져 작은 $G \cdot b^2$에 있으려 한다.

각각 버거스 벡터 $\vec{b}_1$과 $\vec{b}_2$를 가지는 2개의 전위가 만나면 전위들은 합쳐져서 새로운 버거스 벡터 $\vec{b}_3$를 가지는 1개의 전위로 될 수 있는데, 이때 합쳐진 $G \cdot \vec{b}_3^2$가 2개의 전위 에너지 $G \cdot \vec{b}_1^2 + G \cdot \vec{b}_2^2$에 비하여 작은 값을 가져야 가능한 것이다. 반대로 $G \cdot \vec{b}_3^2 > G \cdot \vec{b}_1^2 + G \cdot \vec{b}_2^2$인 조건에서는 $\vec{b}_3$를 가지는 한 전위가 $\vec{b}_1$과 $\vec{b}_2$를 가지는 2개의 전위로 분해될 수도 있다. 이와 같이 2개의 전위가 만나서 1개로 합쳐질 수도 있으며, 1개의 전위가 2개 또는 3개의 전위로 분해될 수 있다. 이런 탄성변형응력장의 합침과 분해를 전위의 반응이라 한다.

그림 20은 (111)면인 3개의 결정면의 A, B, C 위치에 조밀하게 놓인 원자들을 보여준다. Fcc의 조밀면인 {111} 결정면은 항상 A, B, C, A, B, C, A, B, C의 적층 순서를 가지고 쌓여있다. (111) 슬립면에서 가능한 슬립벡터 중에 하나의 버거스 벡터 $\vec{b} = \frac{a}{2}[1\bar{1}0]$인 전위가 슬립을 일으키면 크기가 $a/2\cdot\sqrt{2}$이며 방향은 $[1\bar{1}0]$인 결정의 이동을 만든다. 이에 해당하는 슬립은 하나의 원자위치 A에서 이웃하는 원자위치 A로 원자가 이동하는 것을 보여준다. 이와 같은 슬립을 일으키는 전위를 완전전위라 부른다.

그런데 A 원자는 (111)면의 B 위치로 가서 다시 A로 가는 행로를 거칠 수 있다. 이것은 (111)면에서 전위 1이 전위 2와 3으로 $\vec{b}_1 = \frac{a}{2}[1\bar{1}0]$가 $\vec{b}_2 = \frac{a}{6}[1\bar{2}1]$, $\vec{b}_3 = \frac{a}{6}[2\bar{1}\bar{1}]$로 분해가 일어남을 보여주는 것이다. 이 $\vec{b}_2$와 $\vec{b}_3$두 개의 전위로 분해가 일어난 것을 부분전위라 한다. 전위의 에너지를 계산해 보면 완전전위보다는 부분전위로 분해된 상태에서 에너지가 더 낮은 것을 알 수 있다.

그러면 어째서 동과 알루미늄과 같은 금속에서는 한 개의 완전전위로 슬립이 일어나며, 금과 은과 같은 금속에서는 두 개의 부분전위로 슬립이 일어날까? 그 이유는 한 전위 $\vec{b}_1$가 부분전위 $\vec{b}_2$, $\vec{b}_3$로 분해되면 두 개의 부분전위로 분해된 사이에서 새로운 계면인 적층결함(stacking

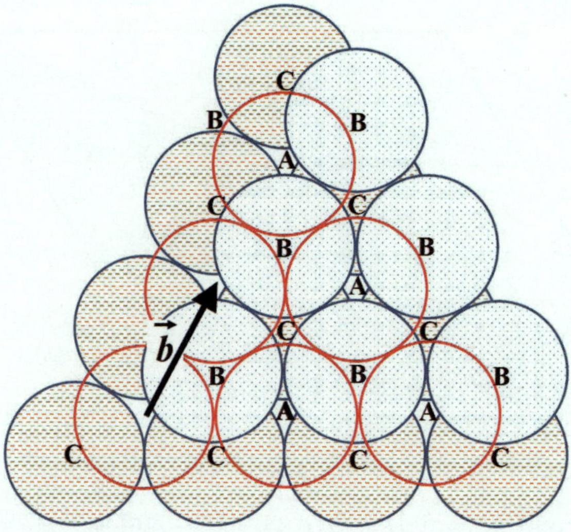

그림 20. fcc의 완전전위, 슬립을 하면 버거스 벡터 방향과 벡터 크기만큼 변위를 일으킨다

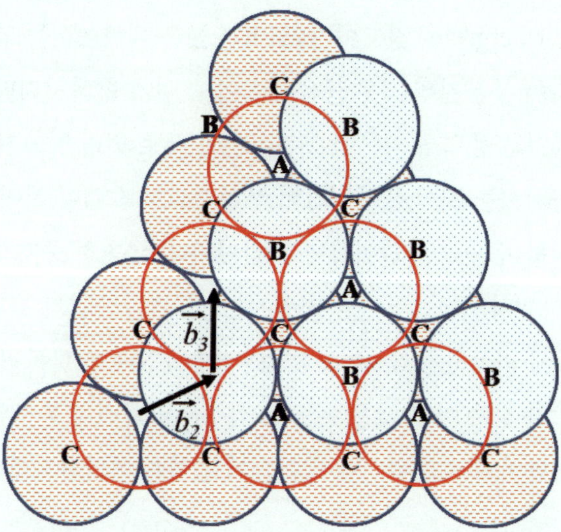

그림 21. fcc의 부분전위, 슬립을 하면 2개의 전위의 버거스 벡터 방향과 크기만큼 변위를 일으킨다

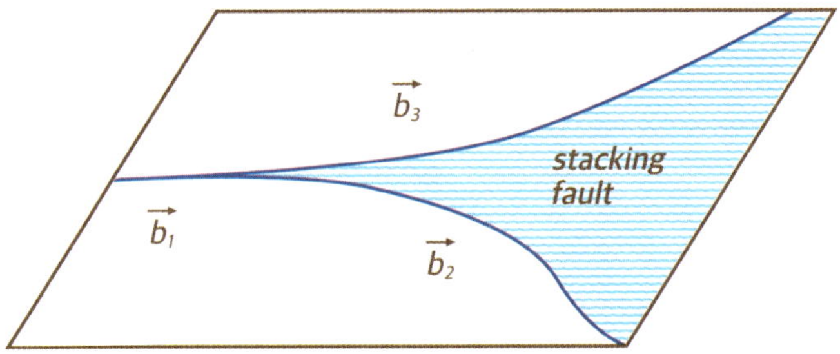

그림 22.
1개의 완전전위가 2개의 부분전위로 분해가 일어나면 부분전위 사이에 적층결함이 생겨난다

fault)이 생겨나기 때문이다(그림22). 이 새로운 계면에는 계면에너지인 적층결함에너지(stacking fault energy, SFE)가 존재한다. SFE는 재료의 성질에 속하는데 상온에서 알루미늄의 SFE는 200 erg/cm^2 정도이며, 금의 SFE는 10 erg/cm^2 정도이다. SFE가 높은 재료에서는 낮은 외부 응력에 의하여 부분전위는 완전전위로 아주 쉽게 합쳐지지만, SFE가 낮은 재료에서는 응력에 의하여 부분전위가 서로 멀리 떨어져 있어 완전전위로 합쳐지는 것이 불가능하여 부분전위로 슬립이 일어난다. 부분전위에 의하여 슬립이 일어나면 전위의 수가 급격히 증가하여 재료가 쉽게 경화된다. 즉 변형이 어려워지는 것이다. 물질의 계면에너지 SFE는 온도에 의존하는데, 온도가 낮아질수록 SFE는 낮아진다. 따라서 액체질소와 같은 아주 낮은 온도에서 가공을 하면 부분전위에 의한 슬립이 일어나며 재료는 급격히 경화되어 변형이 어려워지게 된다.

이미 이야기한 것과 같이 실제로 결정에는 수많은 전위가 존재한다. 변형이 거의 없는 덩어리 금속결정에서 관찰되는 전위밀도는 약 $10^6/cm^3$ 정도이며, 심한 변형을 겪은 금속결정의 전위밀도는 약 $10^{12\sim13}/cm^3$로 알려져 있다. 이와 같은 높은 전위밀도를 가지는 재료는 에너지, 즉 잔류응력이 매우 높은 상태이다. 이런 상태의 미세조직은 매우 불안정하며 작은 열적인 활성화를 받아 쉽게 회복, 재결정 등이 일어나 보다 편안한 미세조직으로의 변화한다. 결함이 없는 재료가 존재할 수 없듯이 한 국가를 구성하는 국민에게는 다양한 불편함, 불만이 있을 수 있다. 이런 것이 사회를 불안하게 만든다고 특정 인터넷 또는 TV 채널을 폐쇄하고 안정된 사회를 꿈꾸는 독재자들이 아직도 지구상에 많이 있지만, 결함이 존재하고 다양성이 인정되는 사회가 결국은 발전하는 것을 우리는 역사를 통해서 알 수 있다.

9

소재 가공

인류는 오래전부터 원하는 형태로 소재를 제조하고자 다양한 공학기술을 발전시켜 왔다. 인류는 먼저 주로 돌을 이용하여 도구를 만드는 구석기시대, 신석기시대를 거쳐 청동기시대, 그리고 철기시대로 진입하였다. 인간이 지구에 살았던 시기를 약 300~400만 년 이상으로 보고 있는데 인간 역사의 대부분인 98.5%가 석기시대였다고 한다. 석기시대에서 중요한 도구는 석기를 만들 "몸돌"이 중요한 물품이 였다고 한다. 석기 자체는 소모품에 가까웠고, 석기를 계속 쓰기 위하여 석편 조각을 떼어낼 단단하고 잘 부스러지지 않는 차돌과 같은 딱딱하고 강인한 질 좋은 몸돌이 매우 중요하였다고 한다. 그림 1은 국립중앙박물관 전시품인 자갈로 만들어진 주먹도끼를 보여준다. 구석기시대에는 돌연장인 주먹도끼를 찍개로 이용하여 두들겨 치거나 깨뜨리는 타격 기술로 돌날 같은 것을 제조하였다고 한다. 작은 돌날은 길이 5 cm 이하이고, 너비는 0.5 cm 안팎으로 "좀돌날"이라고도 부른다. 돌날을 떼어내는 몸체였던 "돌날몸돌"은 많은 구석기 유적에서는 작은 돌날과 함께 출토되기도 한다.

지구상의 위치에 따라 다르지만 기원전 1000~2000년 정도에 청동기(bronze) 문화가 시작되었다고 한다. 인류가 돌덩이 무더기에서 장작불을 피우다가 우연히 돌덩이 하나가 액체 형태로 녹는 것을 보았고

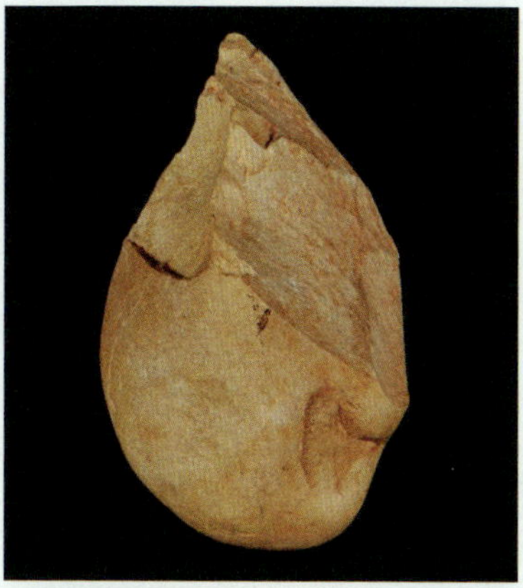

그림 1. 돌날몸돌인 주먹도끼와 작은 돌날(국립중앙박물관)

얼마 후 불이 꺼지니 녹았던 액체 돌이 다시 단단히 굳어지는 것을 발견하였다. 동의 용융점은 1083 °C인데 동에 주석 등의 불순물이 합금으로 들어가 있으면 용융점이 수백 도 정도 낮아져 장작불로 쉽게 녹일 수 있는 것이다. 이런 청동기는 딱딱할 뿐만 아니라 깨지지도 않고 잘 부러지지 않는 특징을 가지고 있었고 날카롭게 모서리를 갈아내어 칼, 창의 끝, 화살 촉으로 사용할 수도 있었다. 또한 진흙 등으로 거푸집을 정성 들여 잘 만들고 이곳에 녹은 금속을 부어 응고시킴으로써 원하는 형상의 무기와 공예품의 제조도 가능해졌다. 그림 2는 국립중앙박물관에 소장된 청동기시대의 유물을 보여준다.

청동기시대를 거치면서 인류는 금속을 이용하여 호미나 낫과 같은 다양한 공구를 만들기 시작하였는데, 금속 농기구를 사용한 것은 인류가 사회적이나 경제적으로 그전과는 다른 세상에 살게 되는 계기가 되었다. 동물의 수렵이나 들과 산에서 곡물과 임산물 채취를 하던 때에는 사냥이나 채집에서 얻은 것을 대부분 그날그날 골고루 분배하여 가지는 세상이었다. 그러나 자연물을 채집하는 것을 벗어나 농기구의 도움으로 안정적인 농사가 가능해지면서 대량생산이 이루어졌고, 그 결과 경제적으로 빈부의 격차가 생겨났으며, 사회적으로 신분이 높은 계층과 낮은 계층의 사람들이 생겨난 것이다.

농사에는 기후 변화가 중요하였기 때문에 하늘의 뜻에 따라 또는 신의 뜻에 따라 비가 오며 바람이 불며, 홍수와 가뭄에 의하여 풍년과 흉년이 결정된다고 믿었기에 인류는 신앙을 가지게 되었고, 다양한 종교를 만들어내었다. 인생이 유한한 것을 터득한 조상들은 종교를 유한한 생을 벗어나는 데 매우 중요한 것으로 믿었고, 귀중한 금속을 사용한 불상 등을 제작하여 신을 모시는 데 사용하였다. 이런 물품들은 후세에까지 아주 귀하게 보존되어 왔으며, 현재까지 우리에게 소중한 문화재로 남아있는 것이다.

그림 2의 우측은 삼국시대에 제조된 청동기 유물로 국립중앙박물관에 소장되어 있는 깊은 명상에 잠긴 모습의 반가사유상이다. 이것을 보면 이것을 만든 사람의 정성스러운 혼이 우리를 감싸는 듯한 감동을 저절로 받게 된다. 불상 등의 반가사유상은 주조 공법으로 제조된

그림 2. 청동시대의 유물(국립중앙박물관)

것이다. 주조(casting) 공법은 거푸집을 만든 후 그 안에 녹은 금속을 주입하고 거푸집 속에서 응고된 금속 제품을 얻는 공정이다. 이 주조 공법에서는 먼저 가공하기 용이한 무른 나무나 초와 같은 밀랍(beeswax) 등으로 제품과 똑같은 모양의 본(pattern)을 제조한다. 이 본을 점토가 섞인 젖은 모래를 덮어 본이 삽입된 거푸집을 만든 후, 거푸집을 건조한 다음에 본을 거푸집으로부터 제거하여 본이 있던 부분이 빈 공간이 된 거푸집을 완성한다. 여기에 녹인 청동을 붓고, 응고시킨 후 거푸집을 제거하면 본과 같은 모양의 제품이 완성되는 것이다. 주조 공법은 수 그램의 작은 장신구 제조와 대포와 탱크같이 두껍고 큰 금속 제품의 제조에 널리 사용되고 있다. 현재에도 수십만 톤의 크기를 가지는 선박 엔진 제조에도 주조 공법이 사용되고 있다.

인류는 우주에서 날아온 유성으로부터 처음 철을 얻었다. 철(iron)의 어원은 에투루이아(Etruscan) 언어로 "aisar"라는 단어인데 신(god)이라는 뜻이다. 미국의 오리건주에서 발견된 윌래밋(Willamette) 운석은 대부분 철로 구성되어 있으며 그 무게가 무려 15.5톤이다. 철 운석에서는 대부분 띠 모양의 비트만슈태텐(Widmanstätten) 조직이 관찰되기 때문에 운석이라는 것을 확인할 수 있다. 이렇게 큰 운석도 있지만 대부분은 수 그램의 작은 크기를 가지는 것도 많아 현재도 운석을 행운의 상징인 장식품으로 다양한 인터넷 사이트에서 판매하고 있다. 그림 3은 한 인터넷 사이트에서 구매할 수 있는 철 운석이다. 지구상에 떨어진 철 운석 대부분은 주로 철과 니켈 등으로 구성되어 있다. 인간은 오래전부터 우주로부터의 선물에 의하여 철을 얻기 시작한 것이다.

그림 3. 철운석(fossilworld)

철제 공구를 사용하는 철기시대에는 경제적으로 그리고 사회적으로 인간의 삶에 큰 변화가 일어났다. 그림 4는 인류가 수세기 전에 만든 철제 투구를 보여준다. 철제 유물은 대부분 표면에 산화물인 녹이 많이 존재하고 온전히 보전된 것이 드물어서 청동기 유물에 비하여 약간 초라하게 보인다. 지구에서 가장 많은 원소가 철(Fe)인데 지구의 약 35%가 철에 해당한다. 그리고 철은 결합에너지가 가장 큰 원소

그림 4. 철재투구(울산매일)

로 가장 안정된 원소이다. 사용 후에는 75% 이상이 재활용되는 친환경 원소이다. 지구 표면층에 존재하는 철은 지구에서 2번째로 많은 산소와 결합하여 쉽게 산화철을 만들기 때문에 철광석은 대부분 철산화물이다. 철은 용융온도가 1500 °C 이상이고, 철산화물에서 산소를 떼어내어 금속철로 환원시키는 데 많은 어려움이 있었지만, 인류는 장작 대신에 점차 숯과 풍구를 이용하며 고온을 얻고 철산화물에서 산소를 떼어내는 적절한 환원제를 찾아내어 철광석으로부터 덩어리 철을 대량으로 제조하는 기술의 개발에 성공하여 철강제를 대량 생산하기 시작했다.

철제의 사용은 부와 권력의 편중화를 가중시켜서 작은 부족국에서 힘이 센 지도자가 경제력과 시회를 지배하는 거대한 고대국가의 탄생을 가져왔다. 철제 무기로 무장하고 훈련된 군인들이 있던 국가는 약한 나라와의 전투에서 승리하여 점점 큰 국가가 만들어지는 세상이 이어졌다. 1592년 철로 제조한 조총으로 무장한 일본군이 조선으로 쳐들어온 임진왜란도 무기의 불균형이 일으킨 전쟁이었다. 임진왜란 시 일본은 15만 8,700명의 정규 육군과 수군 9,000명이 병선 700여 척을 이용하여 우리나라로 쳐들어왔다. 이때 일본군의 약 10%가 날아가는 새도 떨어뜨린다는 조총으로 무장하고 3열전술을 써서 막강한 화력을 가지고 있었다. 이때 전쟁을 일으킨 병사의 수와 무장한 병기의 양과 질은 지구의 역사상 가장 큰 규모였던 것이다. 다행히 이순신 장군이 철갑을 두른 당시 첨단 거북선으로 일본군을 물리쳐 임진왜란을 통쾌한 승리로 이끈 것도 철을 무기화한 결과였다. 이렇게 철강 소재의 발달은 계속해서 인류의 역사의 전개에 중요한 역할을 하였다.

18세기 중반에서부터 19세기 초반까지 이어진 산업혁명은 기술의 혁신과 새로운 제조 공정으로의 전환을 가져왔고 이로 인해 일어난 사회, 경제 등의 큰 변화를 가져왔다. 산업혁명은 후에 전 세계로 확산되어 인류의 문화, 생활, 사회를 크게 바꾸어 인간의 편안한 생활에 큰 도움을 주고 있다. 그러나 철로 만든 증기기관 등의 기계와 함께 발달한 거대한 대포, 함선, 잠수함, 항공기 등의 무기 발달은 인류에게 1, 2차 세계대전이라는 인류 최악의 불행을 선물했고, 현재까지도 지구의 곳곳에서는 힘의 충돌에 의해 많은 사람이 고통을 받는 비극이 끊임없이 이어지고 있다.

철을 무기로 사용하던 인류는 더 크고 강력한 소재가 필요하였고 마침내 대량살상이 가능한 원자탄을 만들기 시작하였다. 그림 5는 1945년에 처음으로 새로운 소재인 방사능 물질을 처음으로 사용한 미국에서 제조한 무게 4,545 kg 길이 3 m인 “리틀 보이(Little boy)”라는 원자폭탄이다. 이 폭탄에는 우라늄(U-235)이 사용되었는데 원자탄

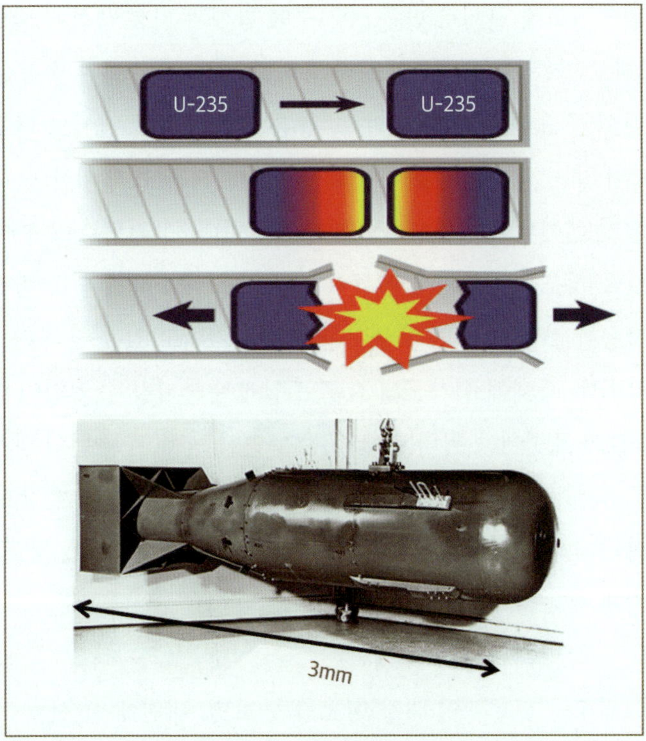

그림 5. 원자탄의 원리와, 히로시마에 투하된 원자탄 "리틀 보이(Little boy)"

의 원리는 너무나 간단하다. 용기에 U-235를 넣고 우라늄을 임계질량 52 kg 이상으로 합쳐주면 중성자에 의한 핵분열이 순간적으로 일어나 수만 도의 고열과 폭풍, 충격파를 일으킨다. 1945년 8월 투하된 단 1발의 원자탄은 히로시마에서 무려 20만 명을 몰살시켰다. 끔찍한 신소재의 개발이다. 그러나 아직도 몇몇 고약한 독재자들은 인류의 미래를 말살시켜 버릴 수 있는 이런 무시무시한 원자폭탄을 통치수단으로 갖고 인류를 협박하고 있다.

철기시대에 철제로 만든 농기구와 함께 무기류 생산이 발달하였다. 철제로 만든 칼은 제조된 상태에 따라 전투 시에 삶과 죽음을 가르는 하나의 중요한 요소가 되었다. 좋은 칼은 가벼우면서도 단단하며 부러지지 않는 강인한 성질과 날이 무디어지지 않고 어떠한 방패나 갑옷도 쉽게 베어낼 수 있는 특성을 가져야 한다. 그러므로 우수하고 독특한 칼을 제조하는 많은 장인들이 철제 칼을 제조하였다. 그림 6은 인류가 사용한 칼 중에서 가장 우수한 칼로 평가받고 있는 것이 다마스커스의 칼인데, 중세에 십자군의 갑옷도 쉽게 손상시킬 수 있었던 칼이었다. 이 칼의 표면에는 철의 단단한 상과 연한 상이 여러 번의 망치질인 단조를 통하여 복합체를 만든 특징적인 무늬를 보여준다. 철강재는 뜨거운 상태에서 망치질에 의하여 우리가 원하는 형태, 경도, 강도, 연성을 가지게 제조될 수 있다.

그림 7의 김홍도의 대장간 모습을 보면, 뒤편에 한 사람이 발을 딛어서 풍구에 바람을 불어넣고 있고, 중간에 있는 한 명은 쇳덩이를 잡고 있으며, 우측의 두 명은 번갈아 망치질을 하고 있다. 망치질에 의하여 높은 온도에서 철재를 가공하는 방법을 단조(forging) 공법이라 한

그림 6.
다마스커스 검

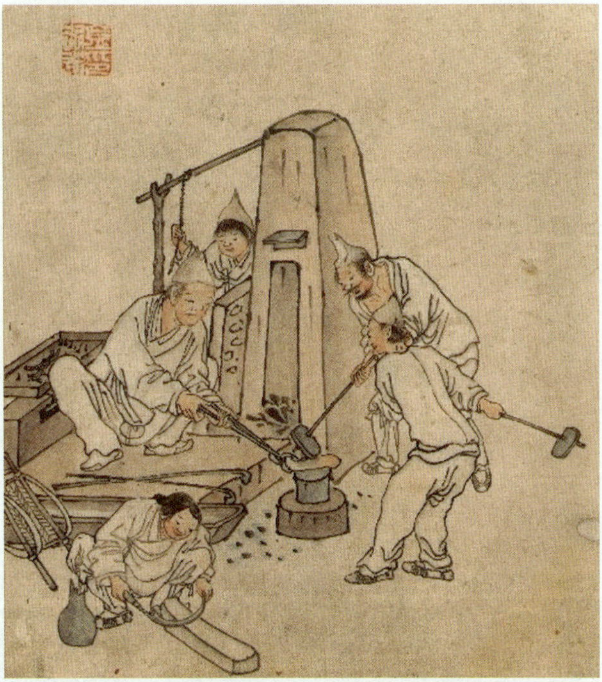

그림 7.
〈대장간〉
(단원 김홍도,
문화재청 제공)

다. 단조 공법은 칼과 호미 같은 작은 제품에서부터 골프채 헤드의 타격면과 같은 것을 제조할 때도 널리 사용한다. 이렇게 단조 공정을 거친 골프채의 타격면은 아주 얇고 가볍지만 질기고 경도가 매우 높고 강인하여 골프공이 날아가는 거리가 길고 방향성이 우수한 특성을 가진다. 또한 직경이 수십 또는 수백 센티미터, 길이가 수십 미터 정도의 거대한 발전기의 회전하는 터빈 축이나 수십만 톤이나 되는 큰 선박의 엔진에서 스크류를 회전시켜 주는 엔진 축을 제조할 때도 단조법을 사용한다. 그림 8은 창원에서 제조 중인 터빈발전기의 회전축을 보여준다. 엄청난 크기의 부품이 한 덩어리로 제작됨을 알 수 있다. 터빈발전기는 증기발생기에서 생성된 열에너지를 기계적 에너지로 바꾸고 다시 전기에너지로 변환시키는 역할을 한다. 증기발생기에서 생성된 수증기는 증기배관을 통하여 고압터빈으로 유입, 통과하여 팽창된 후 다시 한번 저압터빈으로 유입되어 2차 팽창이 완료된 후 복수기로 방출된다. 이 터빈발전기의 회전자는 강철 단조품으로 제작된다. 회전자의 끝에는 발전기가 설치된다.

터빈발전기에서 단조를 하지 않은 회전자는 주조된 상태의 미세조직이 아주 크고 불순물들이 부분적으로 몰려있는 불균질한 미세조직을 가지고 있어 사용 중 쉽게 변형되거나 예기치 않은 급박한 파괴

그림 8. 터빈발전기의 회전축(두산중공업)

를 일으킬 수 있다. 그러나 주조 후에 여러 번의 다양한 방향에서 단조를 하는 복합 단조 공정을 거치면 부품 내에 존재하는 조대한 불순물이 없어지며 또한 미세조직이 매우 치밀해져서 경도, 인성, 파괴강도 등이 높아지기 때문에 높은 온도에서도 거의 변형이 없는 우수한 기계적 성질을 갖게 된다. 따라서 대부분의 강인한 특성이 요구되는 모든 기계 부품들은 단조 공정을 거쳐 최종제품화 되는 것이다. 자동차, 기차, 비행기 등의 운송수단에 사용되는 힘을 전달하거나 장기간 반복되어 사용되는 많은 기계 부품들은 모두 다양한 온도에서 단조 공정을 거쳐서 제조되는 것이다. 단조 공정 중 망치질을 할 때에 일어나는 미세조직의 전체적인 그리고 국부적인 가공경화의 형태와 정도가 단조품의 기계적 성질에 영향을 미치며 또한 추후 다양한 어닐링 프로세스에 의한 미세조직의 연화 역시 최종 단조품의 성질에 영향을 미친다. 따라서 소재의 최종 형태에 따라 최적의 단조 공정을 도출하는 것은 매우 많은 경험과 높은 노하우가 요구된다.

인간의 몸을 이루는 뼈는 206개, 근육 500~600개, 관절은 100개 이상이다. 혈관의 길이는 10만 km가 넘어 지구를 거의 세 바퀴 도는 거리다. 이것은 우리의 몸에 다양한 굵기의 파이프가 서로 연결되어 생체가 작동을 하고 있다는 것을 말해준다. 우리가 사는 지구에도 많은 파이프들이 인간의 삶을 위하여 설치되어 있다. 굵은 원유 수송 파이프라인은 원유 생산지로부터 원유를 선적할 부두까지 연결되어 원유 수송선에 원유를 선적한다. 또한 원유를 수송한 후에는 다시 파이프라인을 통하여 정유 시설로 이동하며, 정유를 마친 제품들은 최종 소비지 저장탱크까지 다시 파이프라인으로 이동한다.

유럽에는 러시아로부터 서유럽으로 공급하는 많은 천연가스 파이프라인이 있다. 2019년 기준으로 러시아의 가스에 의존도는 독일 42%, 프랑스 24%, 핀란드 100%로 유럽의 대부분의 국가는 매우 높았다. 2022년 8월 발트해 밑에 건설된 노르트스트림 1 가스관 가동이 중단되고 9월에는 노르트스트림 2가 의문에 의한 폭발로 파괴되어 2022년 겨울에 유럽은 비싸진 가스공급에 큰 고통을 받았고 많은 서민들이 추위에 떨었다. 지구를 뒤덮고 있는 파이프라인은 인류의 생활에 필수 불가결한 금속소재 제품인 것이다. 수도 시설과 하수도 시설이 없는 생활을 경험하지 않은 사람들은 파이프의 중요성을 생각해 보지 않았을 것이다. 현대적인 시설의 아파트 30층에 수도 시설이 없다고 상상해 보기 바란다. 수도가 있는 낡은 초가집이 생활이 훨씬 편한 것을 알 것이다.

금속 파이프 제조가 불가능했던 고대 도시에서는 돌에 수로를 파서 수도교를 만들어 도시에 물을 공급하였다. 물을 높은 곳에서 낮은 곳으로 이동시키는 원리가 수로나 수도교의 역할이다. 그림 9는 남부 프랑스에 있는 가르 강을 가로지르는 가르교(퐁 뒤 가르, Pont du Gard)는 다목적 아치교로 높이 48미터, 길이 275미터로 기원전 50년경 건설되어 로마 시대 때부터 사용되었다. 다리 위는 수도교로 아래는 사람들이 다녔다. 수로 또는 수도교는 중력을 이용하며 물을 이동시키지만 파이프를 사용하는 현재의 수도 시스템에서는 파이프에 대기압 이상

그림 9. 가르동 강의 다목적 아치교(기원전 50)

의 압력을 가해서 물을 이동시킨다. 100층이 넘는 고층 건물에는 수십 층마다 가압 시스템이 갖추어져 파이프에 압력을 재가압한다.

금속 파이프는 판재를 용접하여 제조하는 방법과 덩어리 금속 빌릿(billet)으로부터 직접 제조하는 방법이 있다. 이음이 없는 심리스(seamless) 파이프는 빌릿에 만네스만 천공기로 먼저 구멍을 뚫고 이것을 다양한 파이프 압연기로 가공하여 최종 제품을 만드는 공정이다. 열간압출 파이프는 먼저 구멍이 존재하는 빌릿을 가열한 후에 열간압출하여 최종 사이즈를 만드는 공법이다. 심리스 파이프와 열간압출 파이프는 제조 공정이 어렵지만 제품에 용접부가 존재하지 않기 때문에 기계적 화학적으로 매우 안정화된 우수한 성질을 가지는 파이프이다.

그림 10. 원유 수송용 라인파이프

석유 수송용 강재는 흔히 라인파이프(Linepipe) 강재라고도 하며, 원유 또는 천연가스 등의 주요 에너지 자원의 대량 수송을 위한 강재이다. 그림 10은 광활한 벌판에 설치된 라인파이프를 보여준다. 이에 사용되는 강재는 주요 에너지 자원의 생산지에서 소비지까지 장거리를 연결해 주는 특수 강재가 주로 사용된다. 최근에는 근거리 에너지 자원의 고갈에 따라 사용 분야가 매우 다양해지면서 다양한 특성이 요구되고 있다. 고압을 견디기 위한 기존의 고강도는 물론이고, 극한지에서의 사용을 위한 저온 충격인성, 수소취성 저항성, 응력부식 저항성이 요구되는 경우도 있다.

요즈음 가끔 송유관이 지나가는 한적한 시골의 논과 밭 땅속에서 기름을 훔쳐가는 송유관 도둑들이 붙잡혔다는 뉴스를 본 적이 있을 것이다. 이 도둑들은 먼저 송유관이 지나가는 곳까지 몰래 며칠 동안 땅굴을 파고 들어가서 지름 1 m 두께 1 cm 정도 되는 송유관에 지름 1 mm 정도의 조그만 구멍을 한 개 뚫고, 아무도 몰래 땅속에서 매일 휘발유를 도둑질할 수 있는 것이다. 그렇다면 어떻게 이런 이들을 잡아낼까? 그런데 이들은 대부분 땅속에서 기름증기에 의한 화재가 발생하여 심한 화상을 입거나 사망한 상태로 적발되기도 한다. 그림 11은 대한송유관공사에서 송유관을 점검하는 것을 보여준다. 이 회사는 1,116 km에 이르는 우리나라 전국 송유관에 특별한 누유 감지시스템을 사용한다. 이 시스템은 배관 내 미세한 압력, 유량, 온도, 비중 등에 대한 정보를 24시간 상시 측정하고 분석해 기름이 새는 위치와 양까지 정밀하게 탐지하는 시스템이다.

그림 11.
송유관 누유 감시
(대한송유관공사)

압연(rolling)은 다양한 금속소재를 가장 많이 생산하는 공정이다. 압연은 상하 롤을 사용하여 두께를 줄이고 길이를 길게 하는 공정이다. 그림 12는 2개 롤로 구성된 압연기(rolling mill)를 보여준다. 압연기에서는 h_1의 초기 두께를 가지는 판재를 압연 롤을 통과시키면 h_2의 최종 두께 판재로 소성변형된다. 압연 롤의 입구 쪽에서는 압연재의 표면에 롤로 밀어 넣는 압연 방향으로 마찰력이 작용하며 압연기의 출구 쪽에서는 그 반대방향으로 마찰력이 작용한다. 롤의 중심부 근처에 마찰력이 0가 되는 중립선이 존재한다. 압연할 때 소재를 밀어 넣는 각도 θ와 출구 각도 α 그리고 롤과 재료와의 마찰 정도 및 롤에 가해지는 롤의 하중 등이 압연의 중요한 변수로 작용한다. 압연기에는 직접 소성변형을 일으키는 상하의 워킹롤과 함께 이 워킹롤들의 변형을 막고 받쳐주는 몇 개의 백업롤이 하나의 세트로 작동한다. 압연기의 앞쪽과 뒤쪽에는 압연재를 당겨주고 압연재를 감고 풀어주는 역할을 하는 권선기(coiler)도 설치한다.

압연에 사용될 철강 중간재는 대부분 연속 주조된 상태로 슬래브(slab), 블룸(bloom), 빌릿(billet)으로 구분된다. 슬래브는 대부분 금속판재(sheet)의 압연에 사용되며 압연 후 판재나, 얇은 코일로 제조된다. 블룸은 일반적으로 150 mm 이상의 길이를 가지는 정사각형 단면을 가지며 기차 철로와 같은 다양한 형상 압연에 의하여 철로와 같이 각종 형태를 가지게 제조된다. 빌릿은 추후 압연을 거처서 환봉이나 바(bar)로 제조된다.

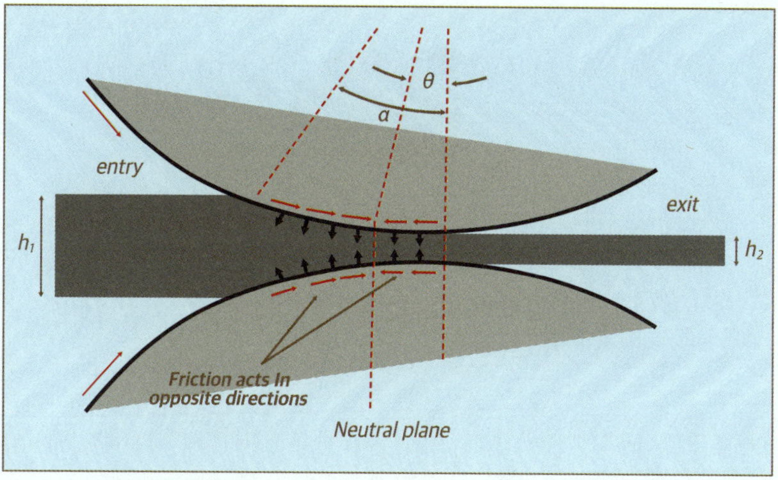

그림 12. 판재 압연변형의 원리

포스코나 현대제철과 같은 철강생산 업체에서 가장 크고 긴 공장들은 대부분 판재 압연공장으로 건물의 길이가 100 m 정도로 매우 길다. 압연공장에서는 상하 2개의 워킹롤(working roll)을 사용하여 주조기에서 생산된 슬래브를 두께 방향으로 압축시키는 변형과 두께가 줄어드는 만큼 길이를 길게 하는 소성변형을 하는데, 압연 시 중요한 것은 슬래브의 폭 방향의 변형은 억제하는 것이다. 압연기에는 소성변형을 일으키는 상하의 워킹롤과 함께 이 워킹롤들의 비틀림 변형을 막고 상하에서 워킹롤을 받쳐주는 몇 개의 백업롤이 같이 사용된다.

주로 조선업에 사용되는 두꺼운 철강 후판 제품은 비교적 두꺼운 열간 압연 강판으로 일반적으로 두께 4.5 mm 이상이 후판으로 분류되며 100 mm 이상도 특별 목적으로 제조한다. 후판 제품은 주로 용접

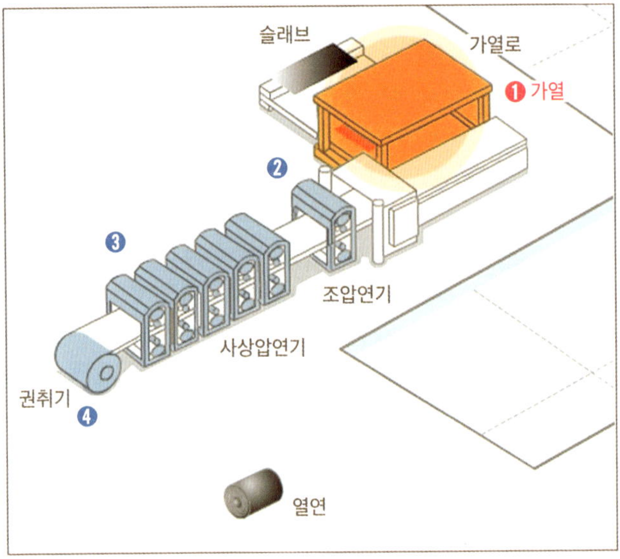

그림 13. 열연코일(Hot coil)을 제조하는 열간압연공정(POSCO)

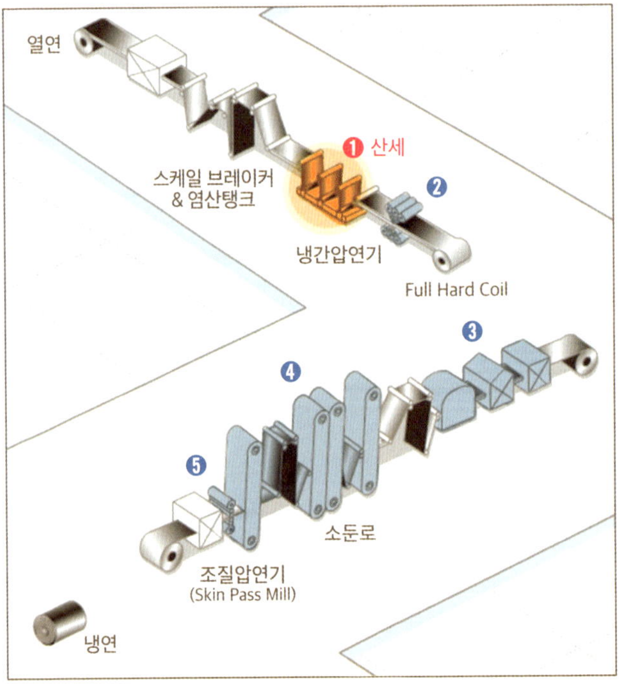

그림 14. 냉연코일(Cold coil)을 제조하는 냉간압연공정(POSCO)

구조물의 부재로 쓰이며, 용도에 따라 선박 제조용, 건축 및 중장비 구조용, 해양 및 풍력 구조용, 압력용기용, 송유관용 라인파이프 등으로 나누어진다.

철강재의 열연 판재를 제조하기 위한 열간압연 시설은 그림 13에서 보여지는 가열로, 조압연기, 사상압연기, 권취기로 구성되며 이곳을 차례대로 거쳐서 열연코일이 제조된다. 연주공장에서 이송된 슬래브는 가열로에서 충분히 가열한 후 추출하여 압연 작업을 한다. 이때 열간 상태의 슬래브의 표면에 생성된 두꺼운 스케일을 제거하기 위하여 스케일 브레이커(Scale Breaker)를 설치하여 사용하고 있다. 조압연은 스케일이 제거된 슬래브를 적당한 형상과 두께, 폭을 갖춘 압연소재로 만드는 공정이다. 사상압연은 판을 정해진 두께와 폭으로 조절하고 용도에 맞는 마무리 온도에서 양호한 표면, 형상으로 압연하는 공정이다. 사상압연 중에는 다양한 최신 설비를 사용하여 판의 두께가 위치에 따라 변하는 크라운(crown) 같은 롤의 형상을 제어하여 열간 압연재의 품질을 높이는 작업도 수행한다.

많은 철강재 열연 제품은 추후 그림 14의 냉간압연 공정을 거쳐 자동차 강판과 같은 냉간 압연재로 만들어진다. 열연재의 냉간압연 공정은 일반적으로 산세, 냉간압연, 전해청정, 소둔열처리, 조질압연을 거쳐서 최종 냉연 제품으로 제조된다. 산세공정은 열연코일을 스케일 브레이커 및 염산탱크에 통과시키는 과정을 통해, 최종 냉연 제품의 표면결함 원인인 산화물 피막을 제거하는 공정이다. 냉간압연은 제품의 용도에 맞는 두께와 재질 확보를 위해 통상 40~90%의 압하율로 진행된다. 전해청정 공정은 소둔열처리에 앞서 냉연코일을 알칼리 용액에 통과시켜 기계적, 화학적 반응을 통해 압연유와 오염물질을 제거한다. 소둔열처리 시에는 가열온도의 제어가 가능하며 종래에는 상자소둔법(box annealing)이 주로 사용되었으나 최근에는 빠른 연속소둔법을 사용한다. 조질압연기에서는 판재에 약 1% 정도의 변형을 가하여 스트레처 스트레인 등의 결함을 제거하고 적당한 조도를 부여하여 원하는 표면을 가지는 최종 냉연 제품을 제조한다.

그림 15. 시발자동차

그림 15는 1950년대에 우리나라에서 생산되었던 시발택시 자동차이다. 자동차를 앞으로 많이 생산하겠다는 의지가 보여지는 차의 이름 "시발"의 로고를 차 앞면에서 볼 수 있다. 공기와 같은 유체 속을 물체가 이동할 때 이동 속도가 빠를수록 물체가 유체로 받는 저항이 속도의 자승에 비례하여 증가하므로 최근에 생산되는 대부분의 자동차는 모두 유사하게 공기저항을 적게 받는 유선형의 형태로 제조된다. 1950년경에도 생산되던 아주 비싼 최고급 승용차들은 시간이 많이 걸리는 수작업에 의하여 유선형에 가깝게 제조되었지만, 그 당시 생산된 자동차들은 대부분 각진 형태였다. 이것은 그 당시 가공

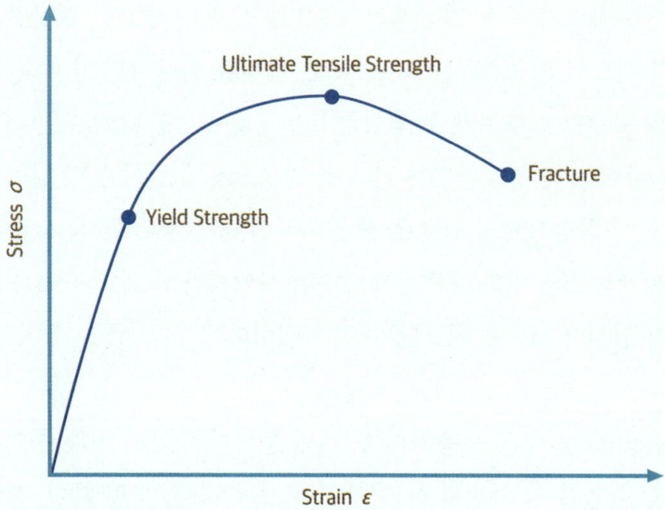

그림 16. 변형률-응력 곡선

기술도 현재에 비하여 열악했고, 무엇보다도 그 당시 제조된 철강판재의 성형성이 현재에 비하여 매우 떨어졌기 때문이다.

재료를 잡아당기는 시험을 인장시험이라 한다. 그림 16에서는 인장시험을 할 때 얻어지는 변형률(strain)에 따른 응력(stress)의 변화인 변형률-응력 곡선을 보여준다. 이 곡선에서, *n*-값은 인장시험 할 때 소성변형이 시작된 변형률부터 네킹(necking)이라는 파괴가 일어날 때까지의 변형률 한계이다. 즉 *n*-값이 0.5인 철강 재료는 약 50% 정도 소성변형으로 연신 될 수 있는 것이다. *n*-값은 가공경화지수라고 한다. 즉 가공경화가 잘 될수록 재료는 잘 늘어나는 것이다. 따라서 강도도 높고 *n*-값도 높아, 작은 면적으로 높은 하중을 견디고 또 원하는 만큼 잘 성형되는 철강재가 좋은 철강재인 것이다. 또 하나 중요한 철강판재 성형성의 척도인 *R*-값(Lankford-value)은 판재를 인장시험 할 때 판재 폭 방향의 변형률 ε_w과 판재 두께 방향의 변형률 ε_t 비인 $\varepsilon_w / \varepsilon_t$로 정의된다. 즉 *R*-값이 높은 철강판재는 판재 폭 방향으로의 변형은 잘 일어나고 판재 두께 방향으로의 변형은 잘 일어나지 않는 것이다. 즉 *R*-값이 큰 금속판재는 불균일한 응력상태로 변형시키더라도 모든 곳에서 거의 두께가 일정한 제품을 제조할 수 있는 것이다.

다음의 그림 17은 승용차의 두 개의 문짝이 부착되는 측면 외판을 드로잉 작업 후의 사진과 함께, 또한 드로우 다이, 트림 다이, 플랜지 다이, 캠 다이의 프레스 공정을 모두 거친 후의 사진이다. 이와 같은 소성변형 후 프레스 제품에는 균질한 두께가 요구되기 때문에 여기에 사용되는 철강판재는 높은 *R*-값을 가지는 것을 사용해야 한다. 이렇게 철강판재의 소성변형에 중요한 역할을 하는 *R*-값은 결정방향에 의존성을 가진다. 즉 철강판재에 존재하는 결정립들의 대부분이 판재면 수직 방향으로 〈111〉 결정방향을 가지면 가장 높은 *R*-값이 얻어지는 것이다. 따라서 *R*-값이 높은 철강판재를 제조하여 제품의 품질 향상시키기 위하여 철강회사의 많은 연구자들이 판재의 수직 방향으로 〈111〉 결정립을 발달시키기 위하여 열심히 노력하고 있다.

우리가 많이 사용하는 주방용 알루미늄 포일(foil) 역시 압연을 통하여 제조된다. 얇을 박판을 만들기 위해서는 아주 작은 워킹롤(working roll)이 사용되며, 이것을 떠받치는 몇 개의 다양한 크기의 백

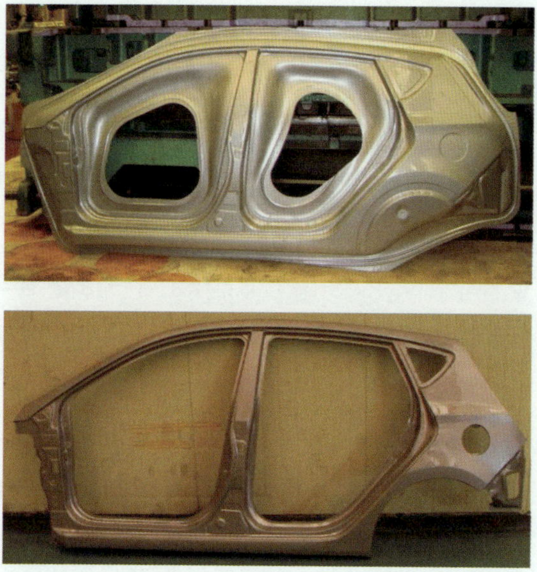

그림 17.
승용차 측면을 제조하는
판재 성형 공정

업롤(backup roll)들이 워킹롤 상하에 놓인다. 이때 압연 롤의 청정도가 결함이 없는 매끄러운 박판 포일을 제조하는 데 매우 중요하다. 따라서 이것을 제조하는 공장은 먼지들의 제거가 중요하며 모기, 하루살이 같은 곤충들이 공장에 들어오는 것을 막아주는 방충망의 관리도 아주 철저하게 한다. 주방용 알루미늄 포일은 작업 효율을 높이기 위하여 2겹으로 겹쳐서 압연하는데, 알루미늄 포일의 반짝이는 면은 롤과 접촉한 면이고 약간 뿌연 면은 2겹으로 겹쳐진 면이다. 고순도의 알루미늄 박은 전해콘덴서의 제조에 사용되는데 박판의 결정립 모두가 〈001〉 방향에 놓여있으면 부식할 때 표면적이 극대화되어 용량이 높은 전해콘덴서 포일을 제조할 수 있다.

지금까지 금속소재의 대표적인 가공공정인 주조, 단조, 압연에 대하여 기본 원리를 살펴보았다. 종래의 금속 소성가공 책에서는 가공에 필요한 상한 힘의 해를 구하는 상한해(upper bound solution)로 소성가공을 해석하였다. 여기서는 슬립라인필드(slip line field) 이론 등을 이용하여 소성변형구역에서 재료의 흐름을 추적하여 가공에 필요한 힘을 계산한다. 이 방법에서는 가장 작은 상한 힘의 해를 구하는 것이 궁극적인 목적이 였다.

최근 소성변형 해석에는 대부분 상용 프로그램인 유한요소법(finite element method, FEM)이 주로 사용되고 있다. 이 방법에서는 최소일을 해를 구하여 시간과 위치에 따른 변형응력과 변형률 분포를 구하는 데 사용한다. 예를 들어 변형을 받는 하나의 요소점이 서울에서 대전에 가는 변형경로를 계산할 때, 이 점은 수원, 천안을 거쳐 대전으로 갈 수 있지만, 인천, 전주를 거쳐 대전으로 갈 수도 있다. 이와 같이 많은 경로가 있지만 가장 변형에너지를 적게 사용되는 경로를 선택하여 FEM 유한요소법 해로 선택하는 것이다. 유한요소법은 변형구역을 유한한 개수의 요소로 분해를 하고, 변형 툴(tool)이 만드는 변형구역의 형태, 툴과 재료와의 마찰, 재료의 물성, 변형온도, 변형속도 등을 경계조건 및 초기조건으로 주고, 변형 중과 변형 후의 응력과 변형률 등의 분포를 구하게 되는 것이다.

다음의 그림 18은 열간 비대칭(asymmetry) 압연 공정을 FEM 시뮬레이션한 결과를 보여주는데, 변형률 요소들이 시료의 초기 두께에

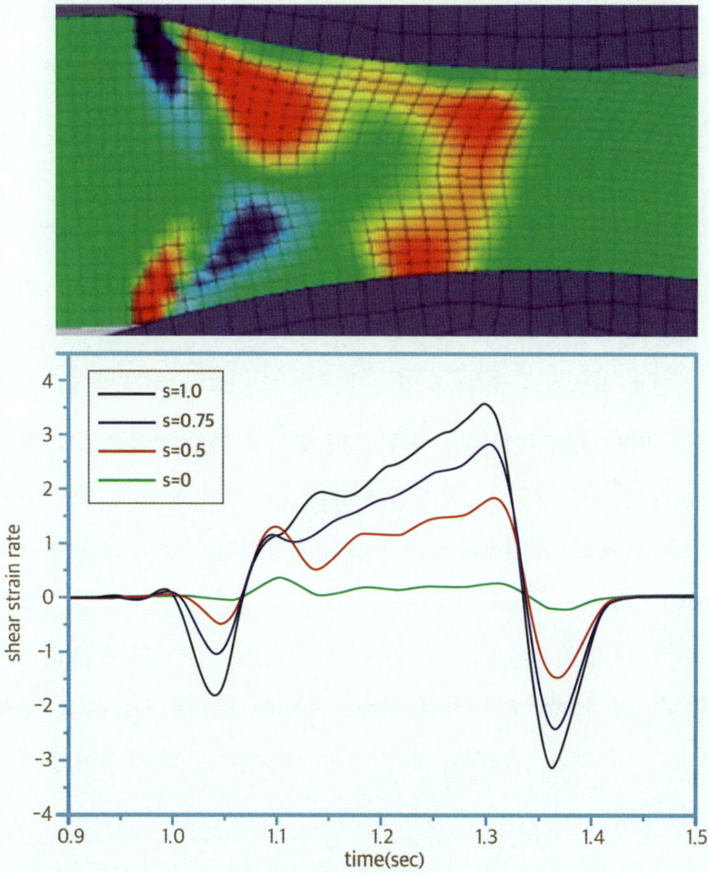

그림 18. 비대칭 판재압연의 FEM 유한요소 계산, 두께 층 S에 따른 전단변형 속도의 변화

따라 롤의 크기에 따라 두께층에 따라 변화하는 것을 해석할 수 있다. 즉 겉보기 압연변형은 단지 두께가 줄어들고 길이가 길어지는 것이지만, 이와 같은 유한요소법 계산을 하면 두께층에 따라 다양한 변형률 요소가 작용하고 있는 것을 해석할 수 있다. 여기서 구한 변형요소들은 집합조직의 해석 등 차후 다양한 계산에 응용된다. FEM 계산은 다양한 구조물의 응력분포 계산에도 사용될 수 있어, 구조물의 안정성의 파악에도 유용하게 사용될 수 있다. 이 FEM 등의 소성변형 계산에는 응력과 변형률 상태에 대한 지식이 요구된다.

지금까지 다양한 금속소재 주조, 단조, 압연 등의 가공변형에 대한 것을 이야기하였다. 그림 19는 현대자동차의 키즈현대 홈페이지에서 소개하는 자동차의 동력전달장치를 보여준다. 동력전달장치는 엔진의 출력을 구동하는 바퀴에 전달하는 장치이다. 이것은 클러치, 변속기, 추진축, 차동기어장치, 차축 등의 순서로 힘을 전달하는 자동차의 핵심 부품으로 압연, 소성가공, 주조, 단조 등을 통하여 제조된다. 이런 부품을 제조하는 데 다양한 사양의 철강재가 부품의 용도에 따라 사용된다. 그러면 여기에 사용하는 가장 이상적인 소재는 어떤 특징을 가져야 할까? 먼저 자동차는 수만 킬로미터 또는 수십만 킬로미터를 주행할 때까지 급작스러운 부품의 파손이 일어나면 절대로 안 되며, 부품의 강도와 형태가 일정하게 유지되어야 하며, 마모나 부식이 일어나

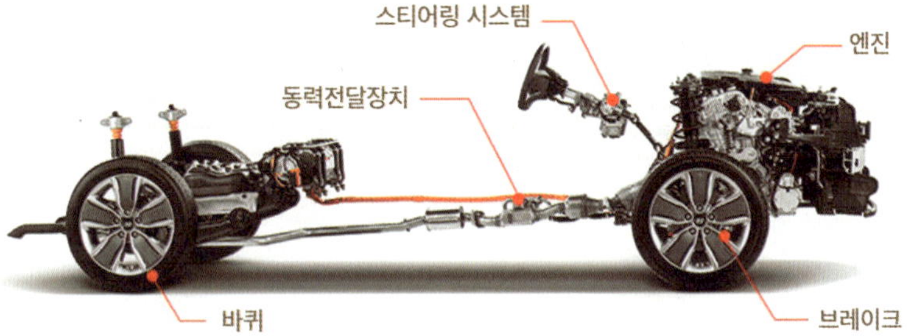

그림 19. 자동차의 동력전달 시스템(kidshyundai.com)

지 말아야 한다. 만약 어떤 자동차 회사가 이런 결함이 전혀 없는 부품으로 제조된 자동차를 만들면, 이 회사는 더 이상 자동차를 팔 수가 없어 회사의 미래도 없을 것이다.

최근에는 종래의 철강재에 비하여 훨씬 강도가 높고 마모나 부식에도 저항성이 높은 비정질 합금이 신소재로 개발되고 있다. 이 비정질 합금은 액체 상태의 원자배열을 고체에서도 유지하기 때문에 특정 결정면에서 특정 결정방향으로 전위(dislocation)의 슬립변형이나 변형쌍정이 일어나지 않는다. 따라서 이런 비정질 합금은 변형기구가 없어 이론적인 강도가 얻어지는 것으로 알려져 있다. 문제는 이런 비정질 합금은 대부분 급랭에 의하여 제조되기 때문에 단조나 압출, 압연 등의 소성변형이 불가능하여 주조공법 이외에는 부품으로 성형가공이 불가능하다는 것이다. 추잉껌(Chewing gum)을 씹으면 껌은 말랑말랑해서 우리가 원하는 형태로 얼마든지 형상 변화를 시킬 수 있다. 그런데 그림에서 볼 수 있듯이 말랑말랑한 추잉껌의 특징은 천천히 잡아당기면 아주 길게 늘어날 수 있지만 빨리 잡아당기면 금세 뚝 끊어져 버린다. 이런 형태의 변형 거동을 초소성(superplastic) 특성이라 부르고, 이 재료는 변형속도민감도가 높다고 하며 낮은 변형속도에서는 10배 이상 연신될 수 있게 높은 변형이 가능한 특징을 가진다. 초소성 특성을 가지는 비정질 합금들은 특정 온도구역에서만 초소성 특성이 나타나며 그 온도 이하의 낮은 온도에서는 변형이 절대 불가능하다. 따라서 초소성 특성을 가지는 온도에서 부품으로 제조 후에 낮은 온도에서 부품으로 사용하면 우수한 강도, 높은 탄성률, 높은 내마모성, 높은 부식저항성 등이 얻어져 새로운 미래소재가 얻어지는 것이다.

그림 20은 자동차와 가전제품과 같은 기계 부품에서 동력 전달에 사용되는 다양한 기어를 보여준다. 이 각각의 기어를 절삭 공정을 이용하여 만들 수 있지만 이와 같은 부품을 절삭법으로 대량생산 하기 위해서는 엄청난 시간이 필요하고 소재의 손실이 무척 크다. 그런데 우리는 파우더 공법을 이용하여 다양한 형태의 부품을 빠르게 대량 생산할 수 있다. 이 파우더 공법에서는 먼저 다양한 소재의 파우더를 제조하여야 한다. 금속이나 합금의 파우더를 만들때 아토마이저(atomizer)를 주로 사용한다. 이 방법에서는 먼저 금속을 아토마이저 상부에서 분말을 만들 금속 또는 합금을 용해시킨 후에 용융금속을 불활성 가스 등으로 가압하여 작은 노즐을 통하여 분무하여 작은 용융금속이 수 미터의 아토마이저 타워 통 속에서 자유낙하 또는 강제낙하 하면서 응고가 일어나서 분말을 제조한다. 아토마이저 크기, 여기에 사용되는 내화물의 특성, 사용하는 가압가스의 종류와 양과 순도, 노즐의 크기와 형상 타워의 크기와 형상, 분말의 응고속도 등의 다양한 변수들을 제어하여야 성공적으로 원하는 파우더의 형상과 크기를 얻을 수 있다. 그림 21에서는 ㈜이엠엘에서 제조한 다양한 크기의 항공/우주용 초내열 파우더를 보여주는데 이것은 터빈 블레이드 제조 등에 소재로 사용한다.

종래의 파우더(분말야금) 공정에서는 원료인 금속 파우더와 합금 원소분말, 첨가제, 윤활제 등을 원하는 비율로 균질하게 믹싱(mixing)하여 원하는 조성을 만들고, 금형 안에 파우더를 집어넣고, 펀치로 한

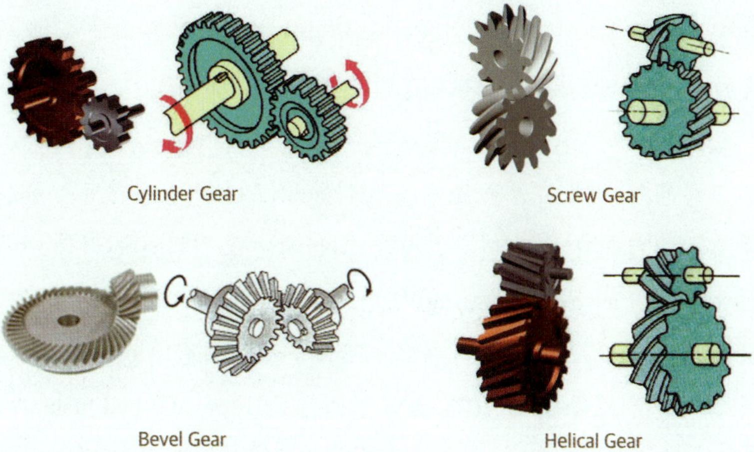

그림 20. 동력전달에 사용되는 다양한 기어들

방향 또는 여러 방향에서 기계적인 압력을 가하여 원하는 밀도까지 파우더 컴팩션(compaction) 성형을 한다. 컴팩션 성형 후에는 일반적으로 환원성 분위기의 노에서 온도를 올려서 소결(sintering)을 행하여 최종 제품을 얻게 되는 것이다. 파우더 제조, 믹싱, 컴팩션, 소결 공정은 자동화가 가능하기 때문에 파우더 공정을 통하여 많은 부품을 값싸게 대량생산이 가능한 것이다. 파우더 공정은 단조, 주조, 압연, 소성가공, 절삭 등 일반적인 덩어리 가공으로 제조가 불가능한 텅스텐이나 몰리브덴같이 용융점이 높은 소재 부품, 포어(pore)가 존재하는 부품, 윤활이 필요 없는 자체-윤활(self-lubricant) 베어링 부품, 동에 흑연을 첨가한 전극 부품, MMC(metal matrix composite) 부품 등의 대량생산에 유용하게 사용되고 있다. 파우더 공정은 빠른 공정속도, 균질한 미세조직의 제조, 복합재의 제조, 비평형 소재의 제조, 다양한 형상과 함께 한 부품에 여러가지의 조성을 가지는 불균일한 조성의 부품 제조 등에 사용될 수 있는 많은 장점을 가지고 있다.

종래의 기계 가공은 소재를 절삭(subtraction) 공정으로 부품을 제조하는 기술이 주를 이루었지만, 최근에는 프린터의 원리를 이용한 AM(additive manufacturing) 공법으로 3차원 3D 데이터를 바탕으로 적층 방식으로 형상의 부품을 제조하는 3D 프린터(printer) 기술이 급격한 진보를 하고 있다. AM 공법은 PBF(powder bed fusion)과 DED(direct energy deposition)로 구분된다. PBF는 일정한 면적을 가지는 분말베드에 수십 μm의 파우더 층을 깔고 레이저 빔 또는 전자 빔을 설계도면에 따라 조사한 후 한 층 그리고 그 위에 한 층 용융시켜서 적층하는 방식으로 제품을 제조하는 공법이다. DED는 보호가스 분위기에서 파우더를 실시간으로 공급하며 고출력 레이저를 사용하여 공급 즉시 용융이 일어나 적층하는 방식이다. 도포되는 금속 파우더에 선택적으로 고출력 레이저를 조사하는 SLM(selective laser melting) 공법도 사용되고 있다. 특히 3D 스캐너를 이용하여 설계자료를 구축하고, 3D 프린팅 할 부품의 설계도를 제공하는 소프트웨어에 많은 진보가 있어 AI 기반 기술이 AM 공법에 적용되고 있다. AM 공법의 장점은 소재절감, 경량 고강성 부품의 제조, 형상자유도를 구현하여 효율의 향상, 여러 가지 부품의 통합 설계, 손상 및 마모된 부품의 수리 및 보강에 사용될 수 있다는 것이다. 그림 22는 터빈 블레이드가 장착된 가스 터빈과 함께 ㈜이엠엘의 3D 프린터를 이용하여 수리한 터빈 블레이드를 보여준다. 3D 프린터에 사용되는 파우더는 대부분 불순물이 없는 그림 21

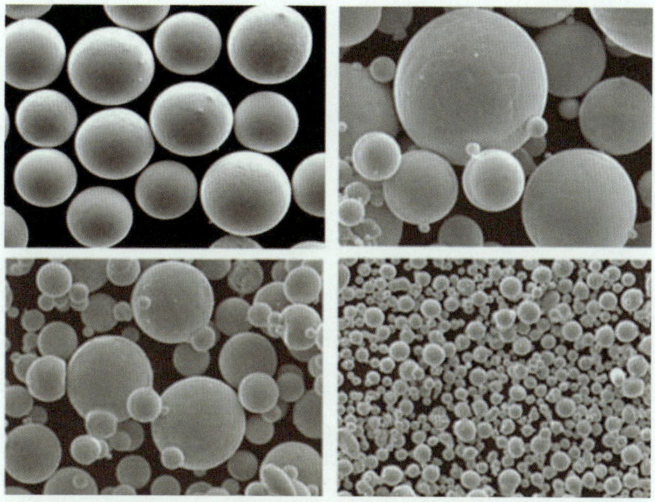

그림 21.
3D 프린터용
분말들

그림 22.
터빈
블레이드

과 같이 일정한 범위의 크기를 갖는 구형의 파우더가 사용되는데 3D 프린터용 파우더 제조는 핵심적인 고부가가치 기술이다. 3D 프린터용 파우더 소재는 같은 덩어리 소재에 비하여 수백 배 이상의 가격을 가진다.

직립 보행을 하는 인간의 20% 이상은 늙어서 골절이 원인이 되어 생명을 잃게 된다. 특히 고관절 골절이 위험한데, 고령의 환자에서는 골다공증으로 인해 단순 낙상 같은 손상에 의해 골절이 쉽게 발생한다. 고관절 골절은 인공관절로 대체하는 수술로 대부분 치료한다. 그런데 인공관절의 크기와 형태는 사람마다 모두 다르기 때문에 환자에 정확히 맞는 인공관절이 필요하다. 3D 프린터는 단 한 명의 환자에 사용할 단 한 개의 부품을 제작하는 데 매우 유용하게 사용될 수 있다. 이렇게 최근에는 각종 인공장기와 치과용 임플란트 제작에 AI와 컴퓨터 프로그램의 도움을 받는 장비들이 점차 새로운 분야를 넓혀가고 있다.

수만 개의 부품으로 만들어지는 자동차 같은 장비는 많은 기계 부품을 가지고 있어 제작자들은 이런 부품을 창고에 가득 채워 놓고 AS서비스에 대응한다. 마찬가지로 자주포나 장갑차 같은 군사용으로 사용되는 장비도 AS를 위하여 많은 부품의 재고를 필요로 한다. 그런데 전쟁터에서 단지 하나의 부품만 결함이 생겨도 장비의 작동이 불가능하므로 신속히 부품을 조달하여야 한다. 자그마한 차량에 3D 프린터와 각종 부품의 3D 설계 데이터를 갖춘 AI 컴퓨터만 있으면 빠르고 쉽게 필요한 부품의 제작이 가능하고 즉시 실전에 사용되는 장비에 보급이 가능한 것이다. 우주정거장과 같은 외부와 차단된 공간에서도 긴

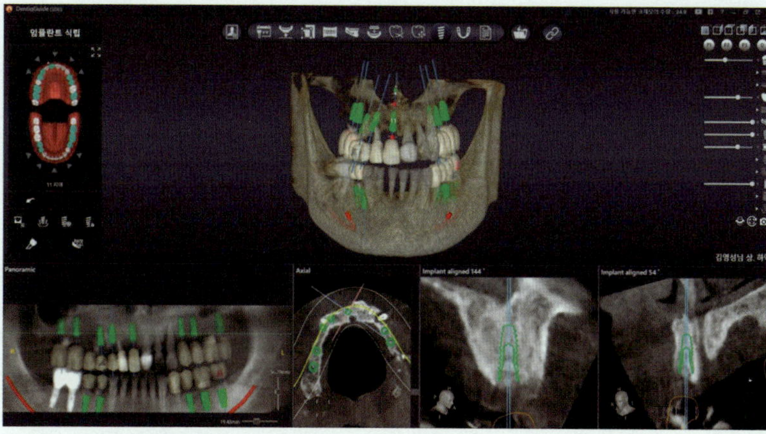

그림 23. 치아 임플란트 작업서

급한 부품의 수리와 공급도 가능할 것이다. 이와 같이 3D 프린터는 무한한 응용성을 가지는 것이다.

그림 23은 다양한 디지털 기기를 이용하여 치아의 임플란트 시술을 위하여 제작한 작업지(work sheet)를 보여준다. 먼저 CT(컴퓨터 단층촬영)로 수술받을 환자의 치아를 3D로 촬영한다. CT사진으로 얻은 디지털 데이터로 원하는 부위의 골밀도를 체크하고, 소프트웨어의 도움을 받아 임플란트 식립 위치와 방향 그리고 임플란트의 종류를 선택한다. 이런 기본자료를 이용하여 컴퓨터 제어 3D 가이드(guide) 기공장치에서 밀링(milling)을 하여 임플란트 가이드를 만들게 된다. 종래에 대부분 치과의사의 눈과 감각에 의하여 시행하던 임플란트 시술이 지금은 3D로 계산과 제작된 가이드에 의하여 환자에게 가장 적합하고 정확한 임플란트 시술을 가능하게 한다.

10

온도 제어 소재 개발

앞에서 이야기 했듯이 달걀은 부화온도에서 열을 외부로부터 받아 병아리가 되지만, 부화온도에서 병아리에게서 열을 빼앗기 위해 아무리 춥게 하여도 병아리는 달걀로 돌아가지 않는다. 그런데 -10 °C의 얼음을 온도를 0 °C로 높이고 이 온도에서 잠열 ΔH=79.68 cal/g을 가하면 물이 되며, 물은 100 °C에서 잠열 ΔH=339 cal/g 을 가하면 기체 수증기가 된다. 또한 100 °C 수증기에서 ΔH=339 cal/g을 제거하면 물이 되며 또한 0 °C의 물에서 ΔH=79.68 cal/g을 제거하면 고체 얼음이 된다. 알루미늄은 온도를 높여 660 °C 가 되고 여기에 일정량의 잠열 ΔH를 가하면 액체 알루미늄이 된다. 여기서 주목할 것은 생물체인 달걀과 볍씨와 거북이 알 등은 온도와 습기가 모두 만족되어야 새로운 형태로 변화하지만, 무생물인 물과 알루미늄은 단지 온도 조건과 열의 흐름을 제어하면 새로운 상(phase)으로 상변화 한다는 것이다. 생물체는 한번 변화하면 절대로 예전 형태로 돌아가지 않지만 무생물은 온도와 압력 변화에 의하여 얼마든지 다시 전의 형태로 돌아갈 수 있다는 것이다. 이와 같이 우리가 사용하는 대부분의 무생물 소재는 온도 및 압력을 변화시켜 새로운 특성과 물성을 가지는 새로운 상을 만들 수 있다는 것이다.

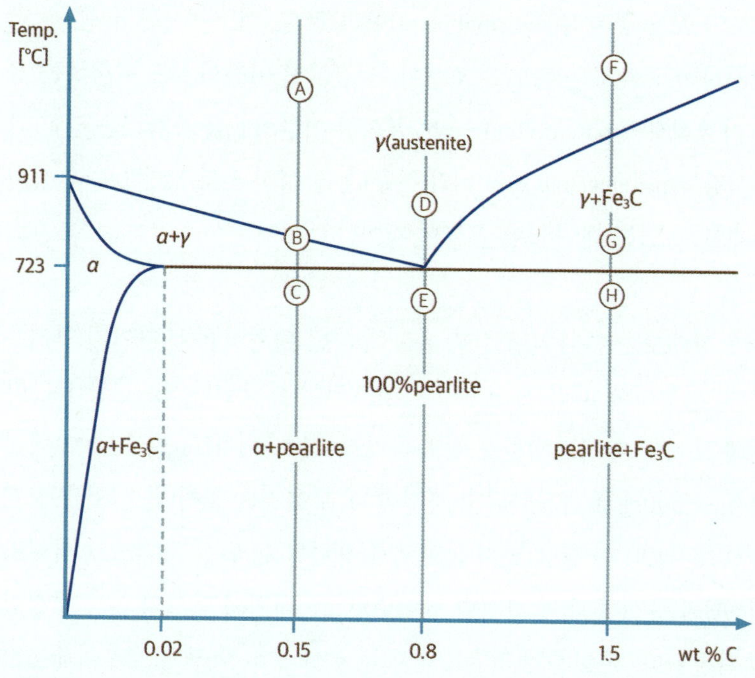

그림 1. Fe-C 상태도(phase diagram)

그림 1은 철과 탄소의 2원계 Fe-C 상태도를 보여준다. Fe에 C가 2.14 wt.% 이하일때 강(steel)이라 하며, C가 2.14 wt.% 이상이면 주철(cast iron)이라 부른다. 이 그림은 C가 조금 포함된 강 부분의 상태도만을 보여준다. C의 조성을 보여주는 x-축의 조성이 직선적이 아니고 이해를 돕기 위해서 일부분이 과장되어 있다. C가 거의 없는 순철은 911 °C 이하 온도에서 bcc구조를 가지는 α-상인 페라이트(ferrite) 상을 그리고 911 °C 이상에서는 fcc 구조를 가지는 γ-상인 오스테나이트(austenite) 상을 가진다. Fe-C 상태도에서 C가 0.8 wt.% 이며 723 °C의

온도인 곳을 공석점(eutectoid point)이라 한다. 이곳에서는 α-상, γ-상, Fe_3C상이 공존하는 온도와 조성이다. 공석점 이하의 C를 포함하는 강을 아공석강(hypo-eutectoid steel), 공석점 이상의 C을 포함하는 강을 과공석강(hyper eutectoid steel)이라 부른다. 공석점 온도 723 °C는 γ-상이 존재할 수 있는 제일 낮은 온도인 것이다.

상태도는 하나의 조성과 온도에 따른 평형상을 무엇인지 알려주는데, 평형상에 따라 특징적인 미세조직이 관찰된다. Fe-C상태도 아래에 보이는 미세조직들은 광학현미경(Optical Micrograph, OM)에서 배율 약 500배로 관찰한다고 가정할 때 보여지는 것이다. 먼저 조성 C가 0.15 wt.% 인 강을 먼저 살펴보자. 950 °C는 γ-상 구역으로 미세조직 (A)와 유사한 대략 결정립 크기 100 μm 내외의 단상의 γ-상 결정립이 관찰된다. 온도를 내려 800 °C에는 γ-상과 α-상 구역으로 미세조직 (B)와 같이 γ-상 결정립의 결정립계에 생성된 작은 α-상이 덩어리 형태를 보인다. 공석점보다 낮은 온도 700 °C는 α-상과 함께 원래 γ-상이었던 곳이 펄라이트(pearlite)로 바뀌어 관찰된다(C). 펄라이트는 α-상과 Fe_3C가 겹겹이 층을 만들어 쌓여 만들어진 혼합물(mixture)이다. 이제 C가 0.8 wt.%인 공석강을 보면, 공석점 723 °C 이상의 온도에서는 모두 γ-상 구역이다. 공석점 보다 높은 850 °C에 약 100 μm 크기 정도의 γ-상 결정립이 관찰된다(D). 온도를 공석점보다 낮은 온도 700 °C에서는 먼저 γ-상이었던 결정립의 크기와 모양은 그대로 유지하며 결정립들의 내부는 모두 펄라이트로 바뀌어 관찰된다(E). 마지막으로 C가 1.5 wt.%인 과공석강은 미세조직을 살펴보면 1000 °C에서 γ-상 구

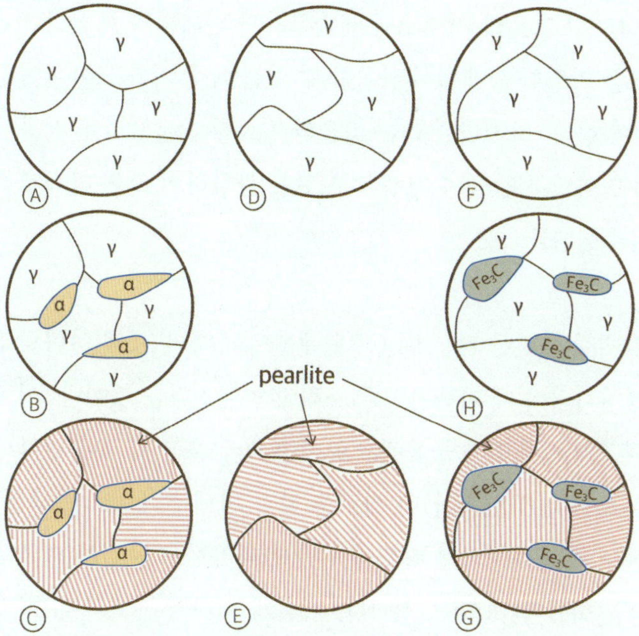

그림 2. 그림 1.의 위치(조성과 온도)에 따른 미세조직들

역에 있으며 γ-상 결정립들만이 관찰된다(F). 온도를 내려 800 ℃에는 γ-상과 Fe_3C 상 구역으로 γ-상 결정립의 결정립계에 놓인 작은 덩어리 Fe_3C가 보인다(G). 이 1.5 wt.% 강을 공석점보다 낮은 온도 700 ℃에서 보면 결정립계에 놓여있는 Fe_3C가 그대로 보이며 원래 γ-상이였던 곳이 펄라이트로 바뀌어 관찰된다(H).

여기서 관찰한 미세조직들은 모두 저자가 직접 그린 가상적인 것들이다. 우리는 미세조직 관찰용 광학현미경을 대부분 상온에서 관찰한다. 따라서 고온의 미세조직을 관찰하기 위해서는 특별히 고온하에서 시료를 가열한 상태에서 관찰할 수 있는 아주 비싼 고온현미경을 사용하여야 한다. 하지만 우리는 고온의 시료를 상온으로 급랭하여 미세조직이 변화할 시간을 주지 않고 시료를 관찰하여 고온 미세조직을 대부분 유추한다.

앞에서 설명한 것은 Fe-C 2원계에서 하나의 조성, 하나의 온도에서 평형상과 평형에 가까운 미세조직이 얻어진다는 것이다. 이 평형상과 미세조직은 우리가 능동적으로 소재에 열을 가하거나 냉각시켜 소재의 온도를 바꾸면 당연히 새로운 상과 미세조직으로 변화를 한다. 이때 온도를 변화시키는 속도와 시간에 따라서도 완전히 다른 소재의 물성의 변화를 얻게 되는 것이다. 이렇게 소재의 온도와 바꾸고, 온도를 바꾸는 속도와 시간을 변화시켜 소재의 미세조직과 물성을 제어하는 공정을 열제어 공정 또는 열처리라고 한다. 각 소재마다 그 용도에 따라 다양한 열제어 공정이 가능하다.

인간은 오래전부터 경험적으로 철강재를 열처리 하면 철강재에서 다양한 특성이 얻어진다는 것을 알아냈다. 열제어 공정의 예로, 앞의 철강재 상태도에서 C가 0.1 wt.%인 강을 살펴보자. 이 강은 950 ℃는 γ-상 구역으로 미세조직 (A)와 같이 대략 결정립 크기 100 μm 내외의 단상의 γ-상 결정립들이 관찰된다. 이 강을 950 ℃에서 상온으로 천천히 냉각시키면 (C)와 유사한 α-상과 함께 펄라이트가 존재하는 평형 미세조직이 관찰된다. 그런데 이 강을 950 ℃에서 상온의 물 속에 집어넣어 빠르게 냉각시키면 마르텐사이트(martensite)라 불리는 새로운 형태의 미세조직이 얻어진다. 즉 천천히 냉각하여 상온에 생성되는 평형 미세조직은 α-상과 함께 펄라이트가 공존하는 것이지만, 냉각속도가 매우 빠르면 이런 평형상이 만들어지는 고체 내에서 원자이동, 즉 확산에 필요한 시간이 없어 급랭조직 마르텐사이트가 형성되는 것이다. C가 0.1 wt.%인 강에서 형성되는 마르텐사이트는 수십 μm의 이하의 폭을 가지는 깃털 모양의 래스(lath) 마르텐사이트가 층층이 쌓인 것이 투과전자현미경로 관찰되는데, 래스 마르텐사이트는 대부분 전위(dislocation)가 뭉쳐서 만들어진 것이다.

C가 0.8 wt.% 인 공석강은 공석점 723 °C 이상의 온도에서는 모두 γ-상 구역이다. 이 강은 공석점 보다 높은 온도에서 그림 (D)와 같이 약 100 μm 크기 정도의 γ-상 결정립으로 이루어진 미세조직을 보인다. 이 강을 상온으로 천천히 냉각시키면 (E)와 같이 100% 펄라이트(pearlite) 결정립으로 구성된 평형 미세조직을 가지지만, 이 강을 상온의 물 속에 집어넣어 빠르게 냉각시키면 C가 0.1 wt%인 강과 같이 역시 급랭조직 마르텐사이트가 생성된다. C가 0.8 wt.% 이상을 포함하는 고탄소 강에서 형성되는 마르텐사이트는 수십 μm의 쌍정(twin)들이 촘촘히 형성된 판상(plate) 마르텐사이트가 투과전자현미경으로 관찰된다. 쌍정변형은 단지 특정 결정면과 결정방향으로 순수 전단변형만 일으킨다. Fcc인 오스테나이트에서 쌍정 면은 {111}면에서 쌍정 방향은 ⟨112⟩ 방향이다. 이런 이유로 마르텐사이트는 오스테나이트와 같이 공유하는 결정학적 해빗(habit) 결정면을 가질 수 있으며, 이때 해

빗 결정면은 쌍정면과 거의 일치한다. 그런데 마르텐사이트 생성은 전단변형 요소와 함께 인장변형 요소를 가지기 때문에 탄소의 함량이 많거나 또는 합금철에서 생성되는 판상 마르텐사이트에서는 해빗 결정면은 특정 결정면과 일치하지 않는 특성을 가진다.

그림은 슬립(slip)이나 쌍정에 의하여 γ-상인 오스테나이트가 어떻게 마르텐사이트로 변화하는지를 보여준다. 만약 순수 전단변형이 슬립에 의하여 일어난다면 각 결정립에서는 서로 다른 그리고 매우 큰 전단변형 *s*가 일어나서 이웃하는 결정립과의 연속성이 유지될 수가 없다. 각각의 100개의 슬립면에서 버거스(Burgers) 벡터만큼의 즉 $\vec{b} = s/100$의 변위(displacement)가 일어나면 100개의 전위 슬립은 총 *s* 만큼의 변위를 일으켜 전체적인 시료의 전단변형이 얻어진다. 그러나 오스테나이트 상에서 슬립과 쌍정을 통하여 마르텐사이트가 생성되면 변태에 수반되는 전체 전단변형 *s*는 아주 적으면서 마르텐사이트가 얻어지는 것을 볼 수 있다. 그림과 같은 슬립에 의하여 많은 전위들을 미세조직에 포함하는 래스 마르텐사이트가 만들어지며, 그림과 같은 단범위 쌍정이 반복하여 일어나며 판상 마르텐사이트가 형성되는 것이다.

냉각속도를 높이기 위하여 급랭시키는 공정을 퀜칭(quenching) 또는 담금질이라 부른다. 퀜칭에 사용하는 냉각재로는 주로 상온의 물이 사용되지만 좀더 빠른 냉각을 위하여 0 °C의 얼음물, 0 °C 이하의 얼음-소금물 또는 -196 °C의 액체질소를 물 대신에 사용하기도 한다. 냉각속도가 빠를수록 마르텐사이트의 미세조직이 치밀해서 경도

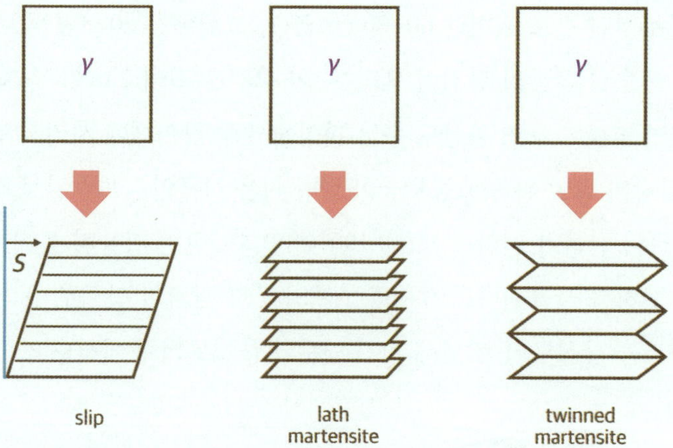

그림 3. 슬립과 마르텐사이트 변태에 의한 형상의 변화

가 더 높은 딱딱한 마르텐사이트가 형성된다. 철강재에서 생성되는 마르텐사이트의 특징은 매우 경도가 높은, 즉 딱딱한 성질을 가지며 동시에 깨지기 쉬운 성질을 가진다. 우리 조상들은 대장간에서 칼을 제조할 때 먼저 뜨겁게 달군 철을 망치질로 단조를 하여 미세조직을 치밀하게 만들면서 칼의 형태를 만들었다. 그리고 벌겋게 달구어진 칼의 칼날 부분만 물에 살짝 접촉시켜 칼날 부분에 집중적으로 마르텐사이트가 형성되게 하였다. 그리고 이 작업을 반복하여 칼날 부분은 단단하면서도 질기고 칼의 두툼한 부분은 연하면서 강해서 잘 깨지지 않는 특징을 가지게 칼을 제조하였다. 칼을 제조하는 명인은 이 과정을 오랜 경험으로 체득하여 잘 베어지며 강한 충격에도 절대 부러지지 않는 명품 칼을 제조하였다. 그림에서 보이는 조선 시대의 환도는 국립민속박물관 소장품이다. 환도는 고려, 조선 시대에 사용된 한쪽에만 날이 있

는 구부러진 칼로 길이는 60~80 cm였다. 그림에는 2023년 국보로 지정된 이순신 장군의 장검이 보인다. 이 장검은 길이 2 m의 두 자루로, 1594년 경상도 통영 한산도 수군 진영에서 두 장인에게 시켜서 만들었다. 각각의 칼날 위쪽에 충무공이 직접 지은 시구인 "석 자 칼로 하늘에 맹세하니 산하가 떤다(三尺誓天山河動色)"와 "한번 휘둘러 쓸어버리니 피가 산하를 물들인다(一揮掃蕩血染山河)"가 새겨진 것으로 유명하다. 이 장도는 장식무늬, 칼날에 새긴 명문과 물결무늬 등에서도 조선 도검

환도(sword)
조선시대/70cm/국립민속박물관소장

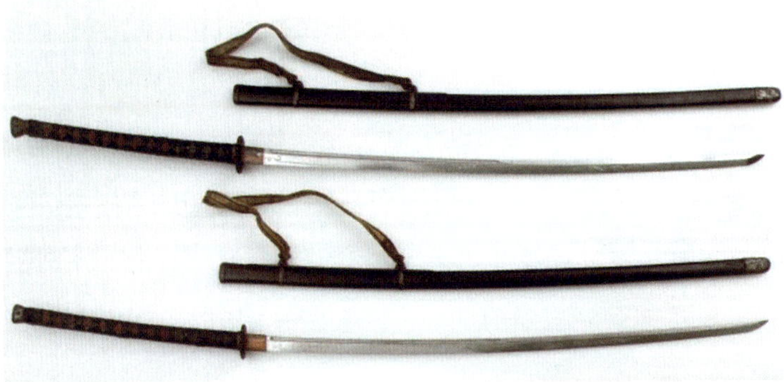

이순신 장군 장도/1594년/197.2cm/문화재청

그림 4. 환도와 장도

의 특징을 드러내지만, 칼자루의 가죽끈을 감은 방식이나 칼날이 휘어진 정도 등에서 일본 도검의 제작기법이 유입된 것도 보인다.

마르텐사이트는 급랭으로 만들어진 미세조직이지만 대부분 상온에서 오랫동안 그 미세조직을 그대로 유지한다. 그런데 래스 마르텐사이트가 형성되어 있는 경화된 저탄소강을 공석점 온도인 723 °C 이하에서 열처리하는 어닐링을 하면 어닐링 온도가 높을수록 평형상으로의 상변화가 빠르게 일어나면서 재료의 연화가 일어난다. 점차 α-상과 함께 α-와 Fe_3C가 층상을 만드는 펄라이트로 상변화를 하게 되면서 딱딱한 마르텐사이트가 연화된다. 그런데 어닐링 온도가 100~250 °C 정도로 낮으면 평형상인 Fe_3C가 형성되지 못하고 준평형상인 hcp의 $Fe_{2\text{-}3}C$가 만들어진다. 어닐링 온도가 상온 근처일때는 오랜 시간에도 급랭으로 만들어진 래스 마르텐사이트가 그대로 유지된다. 판상 마르텐사이트가 형성되어 있는 고탄소강에서도 어닐링 하면 온도가 높을수록 평형상으로의 빠르게 상변화가 일어나며 재료의 연화가 일어난다.

우리 인간이 소재의 물성을 변화시키는 열제어 공정의 하나가 에이징(aging)이다. 물론 새로 만든 것이 좋을 수 있지만, 에이징 또는 숙성을 거치면서 훨씬 더 소재의 특성이 훨씬 좋아지는 경우가 정말 많다. 그림 5는 저자가 프랑스 여행에서 본 오래된 와인을 보여준다. 샤토 오손(CHATEAU AUSONE)에서 1995년 1996년 제조한 것을 25년 정도 축축한 지하실에서 에이징 하면 800유로(100만 원 정도)에 살 수 있는 와인이 되며, 1951년에 제조한 PETRUS라는 와인은 7,900유로(1,000만 원 정도)에 판매되고 있다. 이 와인들은 제조할 당시에는 평범한 한 병에 20~30유로 정도였을 것이다. 욕심 많은 저자도 비싼 와인 냉장고와 와인을 구입하여 집에서 15년 이상 정성 것 에이징 하였으나, 불행히도 와인이 모두 부패해서 버린 아픈 기억이 있다. 무엇보다도 15년 이상 사용한 전기가 너무 아까웠다. 그러나 우리는 장독에 있는 오래 에이징 된 간장이나 된장이 얼마나 귀한 것인지 잘 알고 있다. 먹거리에서 에이징, 즉 숙성은 매우 중요하다.

많은 물건들도 오랫동안 사용하며 에이징이 이루어지며 가치가 점점 상승하는 것을 많이 볼 수 있다. 예를 들어 파가니니 시절에 사용했던 300년 된 스트라디바리우스, 과르네리 등의 바이올린은 현재 수십만 달러 이상으로 거래되고 있다. 유명한 명연주자라면 누구나 이것을 한두 개 소유하고자 한다. 오래된 악기와 마찬가지로 스피커는 음

Wines CHATEAU AUSONE

PETRUS, 1951

그림 5. 사토 오손과 PGTRUS 와인

그림 6. 최신 B&W 801 스피커와 빈티지 B&W 801 스피커

악을 만들어내는 장비로 에이징에 의하여 새로 제조한 것이 만들어낼 수 없는 진득하고 그윽하고 따뜻한 소리를 만들어낸다. 알텍랜싱(Altec Lansing)은 1927년 처음으로 설립된 미국의 스피커 제조업체로 이 회사에서 80년 전에 만든 스피커들은 현재 아주 높은 가격에 거래되고 있다. 그림 6은 영국에서 제조한 B&W 스피커이다. B&W 801 스피커 신형은 현재 약 6천만 원 정도에 구입이 가능하다. 그러나 오른쪽에 보여지는 거의 반세기가 지난 1979년에 생산된 801 스피커는 신형의 약 1/10 이하의 가격에 구할 수도 있다. 물론 오래되었다고 부드러운 소리를 만들어주도록 좋게 에이징이 되었다는 보장은 절대 없다.

그림 7의 산과 그 사이에 놓여있는 A, B, C 마을을 보자. 마을 C는 낮은 지대에 있어 날씨도 온화하고 먹을 것도 풍족하고 사람들도 매우 친절하여 아주 살기 좋은 곳이다. 사람들에게는 이곳이야말로 안정(stable)된 평형에 도달한 곳이다. 이에 반하여 마을 A는 높은 지대에

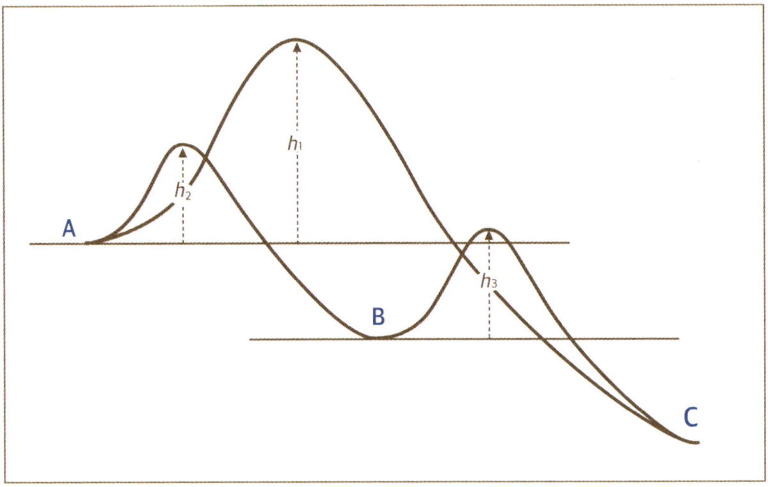

그림 7. 안정한 곳에 있는 마을 A와 불안정한 곳에 있는 마을 C 그리고 준안정한 마을 B. 마을 A, B, C는 높이 h1, h2, h3인 산들로 구분되어 있다

있어 날씨는 항상 춥고 눈비도 많고 먹을 것도 거의 없고 사람들도 매우 사나워 서로 싸우며 서로 미워하며 어울려 살기가 정말 나쁜 곳이다. A란 마을은 사람들에게 열역학적으로 불안정(unstable)하고 비평형에 있는 곳이라 할 수 있다. 마을 B의 삶의 조건이 A 마을보다는 그럭저럭 괜찮지만 C 마을보다는 꽤 열악한 편이다. 열역학적으로 마을 B는 준안정(meta-stable) 상태라고 하며 준평형에 있다고 한다. A에 사는 사람들의 공통된 꿈은 어떠한 방법을 써서라도 C 마을로 이사를 가는 것이다. 그러나 이 꿈을 실현하기 위해서는 높이 h_1의 산을 올라서 넘어가야 그것이 가능한 것이다. 또 하나의 방법은 먼저 좀더 낮은 높이 h_2의 산을 넘어 마을 B로 가고 다시 높이 h_3의 산을 넘어 마을 C로 가는 것이다. 높이 h_2의 산을 넘은 사람들의 일부분은 너무 지쳐서 그

냥 마을 B에 정착하여 살기도 할 것이다. 이와 같은 현상이 소재에서도 관찰되는데, 대표적인 것이 Al-Cu의 2원계에서 평형상인 α-상과 θ-상의 혼합체가 만들어질 때 일어난다.

그림 8은 Al-Cu의 2원계 상태도이다. Al과 Cu는 Al원자 2개와 Cu원자 1개가 결합하여 θ라 부르는 금속간화합물(intermetallic compound) Cu_2Al를 만든다. 따라서 Cu가 50wt %까지 섞여있는 Al과 Cu 합금은 상온에서 평형상인 α-상과 θ-상의 혼합체가 얻어진다. 거의 100% Al에 가까운 α-상은 매우 연해서 손으로 구부릴 수 있는 정도이며 θ-상은 매우 딱딱하며 취약하다. 따라서 α-상과 θ-상의 혼합체의 미세조직을 잘 설계하여 만들면 질기며 단단한 Al 합금을 얻을 수 있는

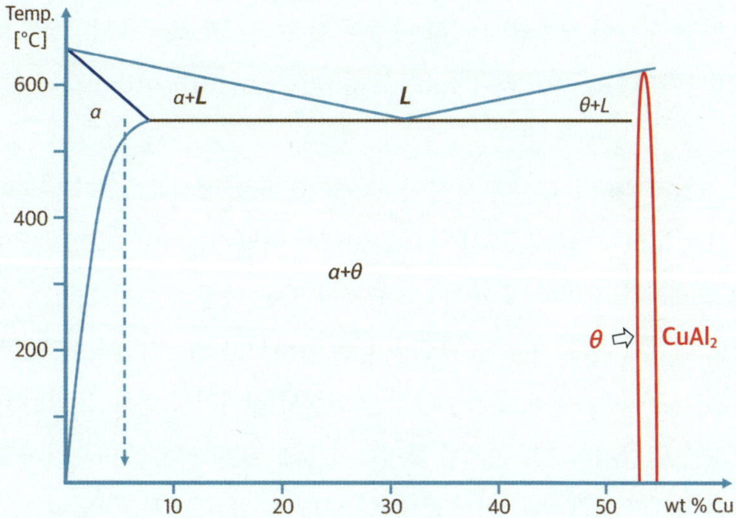

그림 8. Al-Cu 상태도

것이다. Al은 비중이 2.7로 가볍고, 잘 연신이 되며, 내식성이 뛰어나기 때문에 여러가지 원소와 섞여서 Al-Ag, Al-Zn-Mg, Al-Cu-Mg, Al-Mg-Si 합금들로 공업적으로 다양한 분야에 사용되고 있다.

Al-Cu의 2원계 상태도에서 Cu가 4.0 wt.%인 합금을 고온에서 상온까지 매우 천천히 냉각시키면 평형상이 얻어진다. 이 평형상에는 거의 Cu를 거의 포함하지 않는 α와 함께 Cu를 1개 Al을 2개 포함하고 있는 금속간화합물 $CuAl_2$인, 즉 석출물 θ가 얻어질 것이다. 이 Cu가 4.0 wt.% 인 Al-Cu를 550 °C로 가열하면 Al과 Cu가 균일하게 섞인 단상의 고용체(solid solution) α가 형성된다. 이 조건에 있는 α상을 차가운 물에 집어넣어 급랭하면 석출물들이 미처 생성되지 못한 Cu 원자가 과포화된 과냉된 α_o상이 얻어진다. 과냉된 α_o상은 어닐링 즉 에이징을 하면 시간이 경과함에 따라 다음과 같은 순서로 $\alpha_4 + \theta$ 평형상으로 변해나간다. $\alpha_o \rightarrow \alpha_1 + \text{GP zone} \rightarrow \alpha_2 + \theta'' \rightarrow \alpha_3 + \theta' \rightarrow \alpha_4 + \theta$

먼저 과냉된 α_o상은 모상인 Al 기지(matrix)에서 Cu 원자를 몰아내려는 특성이 너무 강해서 낮은 온도에서 어닐링을 하면 그림과 같이 Al 격자의 결정면에 몇 개의 Cu 원자가 얇은 판상의 디스크(원판) 형태로 모이게 된다. 이것을 새로운 상은 아니고, 너무 작아서 전자현미경으로도 직접관찰은 불가능하지만 소재의 전기저항 변화 및 x-선 회절 등으로 간접적으로 존재를 확인할 수 있고 또한 격자의 비틀림에 의하여 재료가 경화된다. 이런 과냉된 알루미늄 합금소재의 어닐링 초기 변화를 프랑스의 기니에(Guinier)와 영국의 프레스턴(Preston)이 GP 존

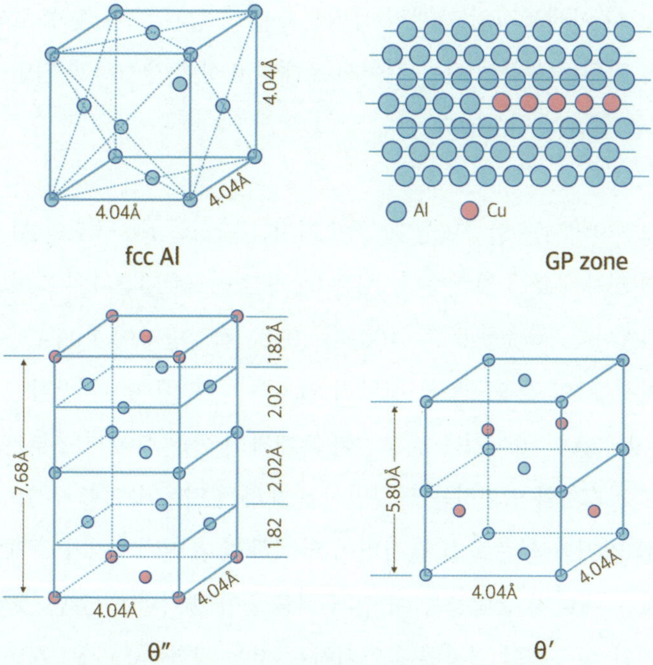

그림 9. Al-Cu 합금계에서 생성되는 다양한 준평형상들

(GP zone)이라 명명했다. GP 존은 fcc인 Al 기지에서 탄성적으로 가장 연한 결정방향인 〈100〉 에 수직한 결정면에 생성된다. 어닐링을 계속하면 α_1 와 GP 존이 존재하던 미세조직에서 θ''이 형성되면서 α_2 와 θ''로 구성된 미세조직이 얻어지며, 어닐링 시간이 더 진행되면 이제 $\alpha_3 + \theta'$로 미세조직이 만들어진다. 이와 같은 θ'' 상과 θ'' 상이 미세조직에 형성되면서 점차 전자현미경으로 이런 석출물의 존재가 관찰되며 석출물의 양과 분포에 따라서 소재의 경도(hardness)는 변하게 된다. 어닐링 시간이 많이 경과하면 평형상인 α_4와 θ로 구성되는 미세조직이 만들

어진다. 이 미세조직의 기계적 성질은 θ 상의 양과 크기 및 분포에 의존한다. 어닐링 시간이 아주 길어서 조대한 θ 상이 형성하게 되면 연한 알루미늄 합금이 얻어진다.

그림 9에서는 알루미늄 합금의 기지를 만드는 fcc 구조의 Al 구조와 θ″ 와 θ′의 구조를 보여준다. Al은 fcc 구조이므로 3격자의 길이는 모두 4.04Å이다. 석출물 θ″은 〈100〉과 〈010〉 결정방향이 4.04Å의 길이를 가져서 Al의 결정구조와 정확히 일치하며 또한 〈001〉 방향에서도 2.02Å+2.02Å이 얻어지는 결정면이 존재하여 이 방향에서도 부분적으로 Al 결정격자와 일치하는 결정면이 존재하는 것을 확인할 수 있다. 이렇게 Al 기지와 석출물의 결정면이 일치하면 계면에너지가 존재하지 않아 작은 에너지 장벽을 넘어 쉽게 석출물이 생겨날 수 있는 것이다. Al 기지와 석출물의 결정면이 일치하는 것을 정합(coherent) 계면이라 부른다. 즉 기지와 정합 계면을 가지는 석출물은 낮은 에너지 언덕을 가져서 석출 초기에 우선적으로 쉽게 생성된다. 그림에서 보이는 석출물 θ′은 (001) 결정면이 Al 기지 결정면과 정합을 이루는 것을 보여준다. 그러나 θ′의 (100), (010) 등의 다른 결정면은 기지 Al 기지와 일치하는 않는다. 이와 같이 석출물과 기지의 계면이 결정면과 결정방향이 일치하지 않는 것을 부정합(incoherent) 계면이라 부른다. θ′는 정합 및 부정합 계면을 모두 가지고 있어 부분정합(semi-coherent) 석출물이라 부른다. 대부분의 정합 계면에는 격자가 심하게 뒤틀려 있어 높은 탄성변형에너지가 존재하지만, 부정합 계면에는 격자 뒤틀림이 거의 없고 여기에는 서로 다른 원자들이 만드는 화학적인 계면에너지만 존재하는 것이다.

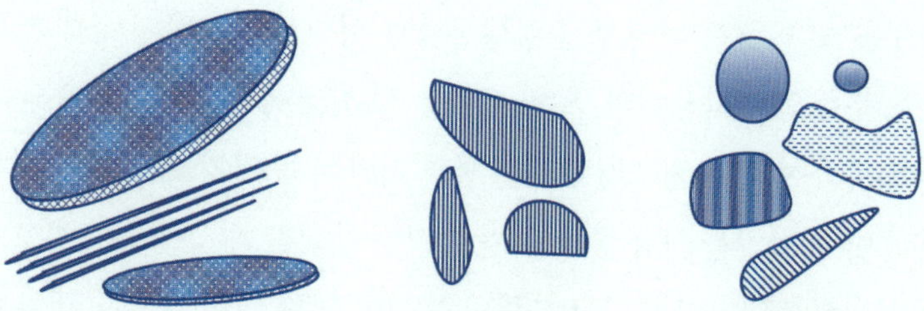

그림 10. 정합 석출물, 부분-정합 석출물, 비정합 석출물의 형상

Al 기지와 결정학적 정합에 있는 계면을 가지는 석출물은 기지의 특정 결정면에 평행하게 생겨나는 특징을 가진다. 그림 10에서는 정합 계면, 부분정합 계면, 부정합 계면을 가지는 석출물의 모양을 보여주고 있다. 정합 계면을 가지는 석출물은 기지의 특정 결정면에 평행하게 형성되어 얇은 디스크 형태로 관찰되거나 또는 기지의 특정 결정방향에 평행하게 침상의 형태로 관찰된다. 부분정합 계면의 일부는 평면 또는 직선으로 관찰되는데 이런 부분이 정합계면이다. 부정합 계면은 임의의 모양으로 기지에 형성되는 특징을 가진다. 일반적으로 부정합 계면을 가지는 석출물들은 크게 성장이 일어나며 표면적을 최소로 하기 위하여 대부분 둥그런 형상을 가진다. 이런 둥그렇고 크게 성장한 부정합 석출물의 형상은 기지와 석출물의 계면의 면적을 최소로 하려는 평형상의 모양인 것이다.

많은 소재는 우리가 사용할 때 완전한 평형상에 있지 않고 자연적인 어닐링 또는 에이징 과정 중에 사용되고 있다. 예를 들면 많은 항공재료용 Al 합금은 다양한 준평형상들과 평형상이 혼합된 상태로 항공기용 부품으로 사용된다. 일반적으로 Al 합금에서 준평형상들은 평형상에 비하여 격자 찌그러짐의 발생에 의하여 높은 강도를 제공한다. 그런데 이런 합금을 사용 중에 갑자기 부품의 온도가 상승하는 사고가 일어나면 석출물이 용해되어 부품의 특성이 열화 되어 큰 사고를 유발할 수 있다. 앞의 Al-Cu 합금계에서 Al 기지 α의 Cu 농도는 $\alpha_0 > \alpha_1 > \alpha_2 > \alpha_3 > \alpha_4$ 이다. 결국 Al 합금을 사용시 평형상의 α_4의 생성을 억제하면 석출물 θ의 형성도 막을 수 있는 것이다. 따라서 항공용 소재로 사용되는 Al 합금에는 다양한 합금원소를 첨가하여 기지 α의 조성이 변화하지 않는 조건을 만들려고 노력을 한다. 또한 높은 고온에서 기지에 녹아 들어가지 않는 안정된 석출물을 미세조직에 미세하게 분산시키기 위하여 Nb, Ta, Mo, W와 같은 높은 용융점을 가지는 원소들도 합금한다.

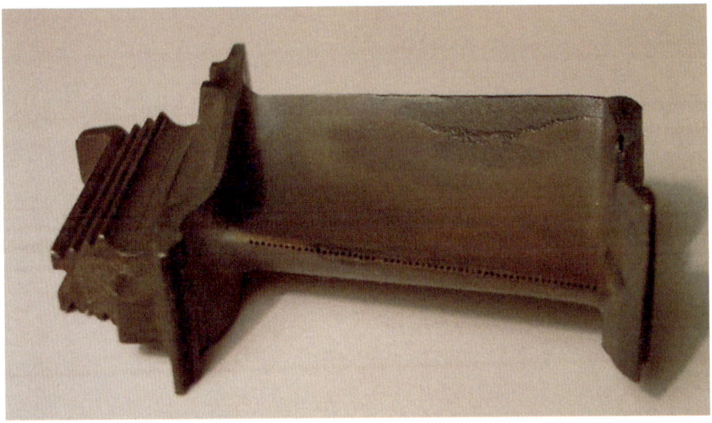

그림 11. 슈퍼알로이 터빈 블레이드(Wikipedia)

그림 11은 오래 사용하여 손상이 있는 터빈 블레이드를 보여준다. 비행기 엔진과 가스터빈의 터빈 블레이드로 사용되는 소재인 슈퍼알로이(Superalloy)는 대표적인 Ni-Co 합금으로 높은 온도에서도 변형을 하지 않는 특성을 가진다. 이런 합금들은 다양한 석출물과 높은 융점의 원소들을 포함하며, 고온에서 고온강도가 높으며 우수한 표면 안정성, 내 부식 및 내 산화성을 가진다. 슈퍼알로이로 하스텔로이(Hastelloy), 인코넬(Inconel), 르네 알로이(Rene alloy), 헤인스 알로이(Haynes alloy), MP98T, TMS 알로이(TMS alloy) 등이 사용되고 있다.

금속소재의 대부분은 대형공장에서 원소재를 광석으로부터 얻고 용융상태에서 각종 첨가물을 집어넣고 불순물을 제거하는 공정 후 연속주조 등을 거쳐서 최종조성의 덩어리 금속인 슬래브(slab), 블룸(bloom), 빌릿(billet) 등으로 제조된다. 앞의 소재의 가공변형에서 이야기했듯이 주조가 끝난 슬래브, 빌릿 등의 중간소재는 열간 가공과 냉간 가공을 하여 원하는 치수의 다음 제품으로 제조된다. 금속소재는 가공을 하면 탄성변형 잔류응력, 즉 잔류에너지가 대부분 전위(dislocation)로 소재 내에 축적된다. 따라서 소성가공이 많이 될수록 소재의 전위밀도는 증가하게 된다. 냉간압연 변형된 금속소재의 평평한 면이 아닌 압연재의 측면을 광학현미경(OM)으로 관찰하면 압연방향으로 아주 길게 연신된 미세조직이 보인다. 그리고 이것을 전자가 투과할 수 있는 얇은 박판시료를 만들어 투과전자현미경(TEM)을 이용하여 20,000배로 관찰하면 다양한 전위가 뒤엉켜 있는 것이 보인다. 이 TEM 미세조직은 전위밀도가 매우 높은 상태로 이 미세조직에는 어느 정도 열적인 완화가 일어나 내부에는 전위들이 거의 없고 바깥쪽에는 전위들이 덩어리져 있는 전위셀(dislocation cell)들이 보인다.

소성가공을 통하여 가공경화가 심하게 일어나 전위들과 같은 다양한 결정결함에 의해 잔류응력이 축적된 미세조직을 가지는 금속소재를 낮은 온도에서 가열하면 미세조직에서는 회복(recovery)이 일어난다. 회복은 가공에 의하여 소재에 도입된 공공(vacancy)들과 점결함의 합침 및 소멸, 전위의 재배치 및 소멸, 서브-그레인(sub-grain)들의 성장 및 합침 등에 의하여 진행된다. 대표적인 전위의 재배치가 폴리고나이제이션(polygonization)이라는 현상이다. 그림 12에서는 구부림(bending)

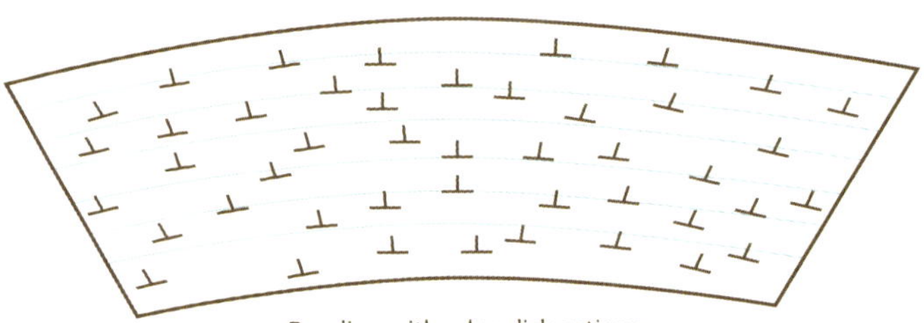

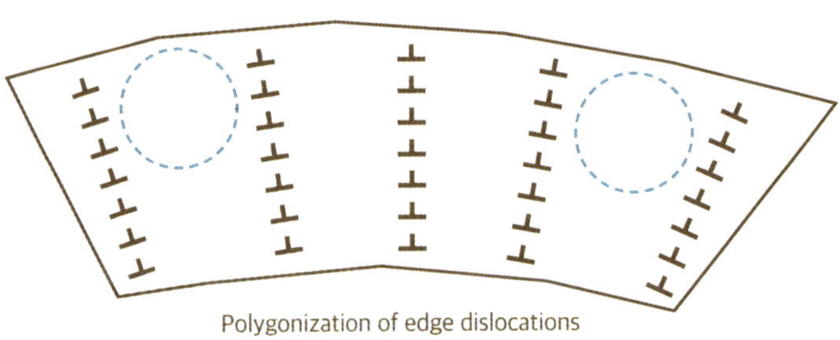

그림 12. 칼날전위를 도입하여 굽힘 변형이 얻어지는 것을 모델화, 칼날전위들이 다각화에 의하여 보다 낮은 에너지 형태로 변화함

그림 13. 냉간압연과 재결정 미세조직

변형이 수십 개의 칼날전위(edge dislocation)들을 도입하여 만들어지며, 회복에 의하여 전위들의 이동과 재배열에 의하여 그림에서 점선으로 표시된 전위가 전혀 없는 구역들이 만들어지는 폴리고나이제이션이 보인다. 전위에 수반된 탄성응력장을 계산하면 상하로 놓여있는 칼날전위들은 매우 낮은 에너지를 가지는 전위의 배열로 알려져 있다.

회복이 일어나면서 결정립계 등에서 전위가 거의 없는 깨끗한 결정립들이 생겨난다. 즉 새로운 결정립들이 핵생성하며, 이것들이 성장하여 전위밀도가 매우 낮은 새로운 결정립들로 이루어진 미세조직이 만들어진다. 이 과정을 재결정(recrystallization)이라 부른다. 그림 13과 같이 재결정 과정을 OM(광학현미경)으로 관찰하면 재결정 후에 약 100 μm 내외의 크기를 가지는 결정립들이 보인다. 재결정이 완료된 미세조직을 TEM(투과전자현미경)으로 관찰하면 거의 전위가 보이지 않으며 결정립계로 나누어진 몇 개의 결정립만 관찰된다. 또한 이 미세조직의 결정립 내부에는 Al에 존재하는 수십 nm 크기의 미세한 석출물도 보인다.

재결정은 핵생성과 성장을 거쳐서 완료되기 때문에 어닐링 온도에 따라 재결정이 완료되는 시간에 차이가 있다. 일반적으로 가공경화된 금속소재를 1시간 가열하여 재결정이 완료되는 온도를 재결정온도라고 부른다. 철강재나 알루미늄 합금 소재를 열간 가공을 하는 온도는 재결정온도 이상이다. 따라서 열간 가공 시 소재에는 가공경화와 함께 재결정도 일어나는데, 이때 일어나는 재결정을 동적 재결정(dynamic recrystallization)이라 부른다. 대부분의 철강재료와 알루미늄 합금의 주조 후 매우 큰 결정립들을 가지는데 열간 가공 시에 일어나는 동적재결정 공정을 잘 제어하여 결정립을 작게 만들어 엔지니어링 부품으로 사용 가능한 소재로 만들어진다.

재결정을 일으키는 구동력(driving force, DF)은 소성가공 중에 소재 내에 쌓인 잔류응력, 즉 탄성변형에너지인 축적된 전위들이다. 따라서 재결정이 완료되면 더 이상 축적된 전위가 존재하지 않는 재결정립들로 미세조직이 만들어진다. 이 상태에서 소재를 가열하면 이제 소재의 에너지를 줄이기 위하여 결정립 성장이 일어난다. 결정립 성장의 구동력은 결정립계의 계면에너지이다. 즉 결정립계의 면적이 줄어들면서 결정립이 커지는 것이다. 결정립 성장에는 정상 결정립 성

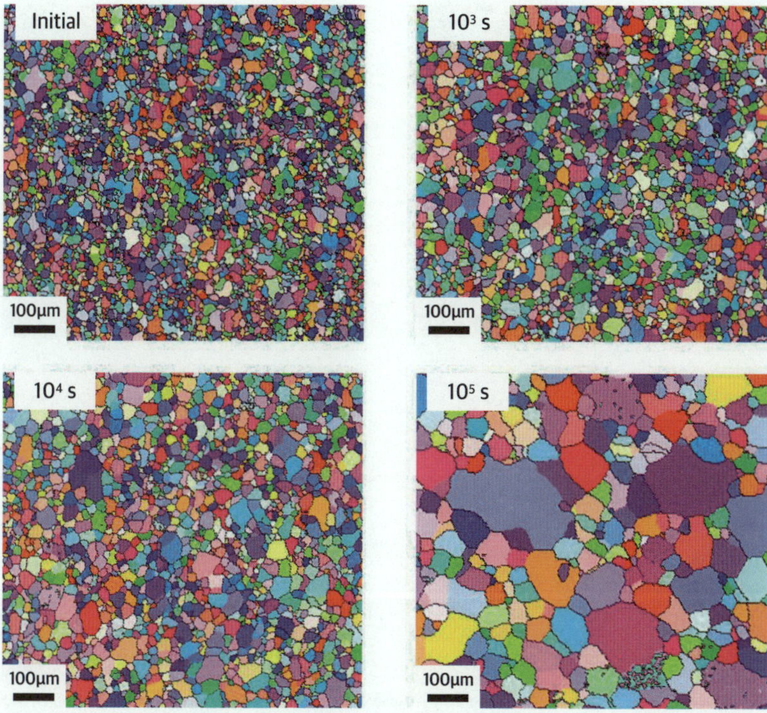

그림 14. 알루미늄에서 800 ℃에서 일어나는 NGG(normal grain growth)

장(normal grain growth, NGG)과 비정상 결정립 성장(abnormal grain growth, AbGG)이 있다.

주사전자전자현미경(SEM)에는 EBSD(electron backscattered diffraction)를 장착하여 결정립의 형상과 함께 결정립의 방위를 측정 가능하다. EBSD로 관찰한 그림 14에서는 NGG가 보여지는데, 어닐링 시 작은 결정립은 빠르게 성장하고 반대로 큰 결정립들은 천천히 성장

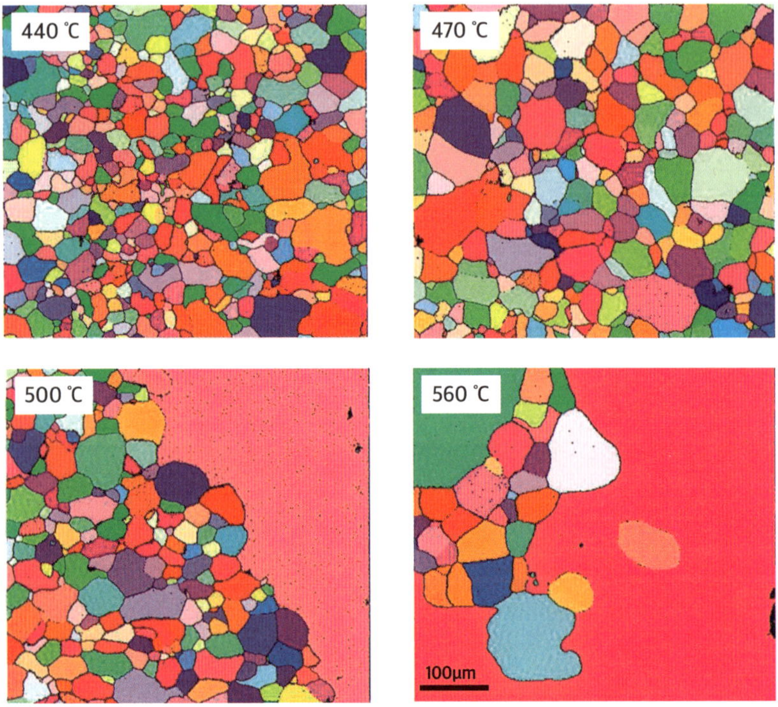

그림 15. 알루미늄에서 온도에 따라 일어나는 AbGG(Abnormal grain growth)

하면서 결정립 성장 후에 결정립들의 크기가 거의 비슷해지는 일반적인 결정립 성장을 NGG라 한다. 한 결정립의 성장속도 v는 구동력(DF) 곱하기 결정립계의 모빌리티(B, mobility)로 v = DF×B이다. B가 거의 같은 결정립들로 이루어진 미세조직에서는 작은 결정립은 큰 결정립에 비하여 단위 부피당 결정립 계면의 면적이 크고 또한 작은 결정립계의 형상은 대부분 볼록(convex)하기 때문에 DF가 커서 선택적인 성장할 조건에 있다. 반대로 큰 결정립은 단위 부피당 결정립 계면의 면적도 작고 대부분 오목(concave)한 결정립계의 형상을 가져서 DF가 적어 낮은 성장 속도를 가진다. 이것이 NGG이 일어나는 원리이다.

그림 15에서 볼 수 있듯이, 결정립 성장이 일어날 때 몇 개의 결정립들만이 선택적으로 성장하여 최종 미세조직에 몇 개의 큰 결정립만이 존재하는 특수한 결정립 성장을 AbGG라고 부른다. 다음 그림 16은 2022년 실내 높이뛰기 세계랭킹을 보여준다. 지구상에는 수십억 명이 살고 있지만 2 m 36 cm를 뛰어넘는 사람은 단 한사람 우상혁이다. 우상혁만이 유일하게 지구의 중력을 자신의 온몸의 힘으로 밀어내면서 이 높이를 뛰어넘을 수 있는 것이다. 재결정이 완료된 후에 어닐링하면 모든 결정립들은 다같이 성장하면서 NGG가 일어난다. 그러나 일반적인 NGG를 방해하는 억제인자가 존재하는 조건에 있으면, 이 억제인자를 뛰어넘는 우상혁과 같은 결정립 몇 개만에서 성장이 가능하여 AbGG가 일어난다. AbGG에 역할을 하는 방해 억제인자로는 미세하고 단단한 인히비토(inhibitor) 석출물 그리고 아주 강한 재결정집

순위	국가	선수	높이
1	대한민국	우상혁	2m36
2	미국	주본 해리슨	2m32
3	쿠바	자야스 루이스 엔리케	2m30
	우크라이나	안드리 프로첸코	2m30
5	ANA 중립국	일리야 이바뉴크	2m29

그림 16. 2022년도 높이뛰기 세계랭킹

합조직 등이 알려져 있다. 기지에 인히비토 석출물과 강한 재결정집합 조직이 존재할 때 단지 몇 개의 결정립계만이 높은 결정립 성장의 모빌리티 *B*를 가져 AbGG가 일어나는 것이다.

AbGG 현상은 변압기의 철심 제조에 오래전부터 공업적으로 매우 유용하게 응용되고 있다. 전압을 바꾸는 변압기의 철심에 사용되는 방향성 전기강판은 자화가 특정 방향으로만 일어나야만 전력의 손실을 최소화 할 수 있다. 그림 17은 변압기의 철심 개략도를 보여주는데 철심에서는 자화가 일어나는 방향이 항상 〈001〉 방향이 놓일 수 있도록 디자인하는 것이 요점이다. 따라서 변압기의 철심에 사용되는 방향성 전기강판의 미세조직은 고스(Goss)-방위라고 불리는 {110}〈001〉 방위에 있는 AbGG가 일어난 1 cm 이상의 아주 큰 결정립들로 구성된

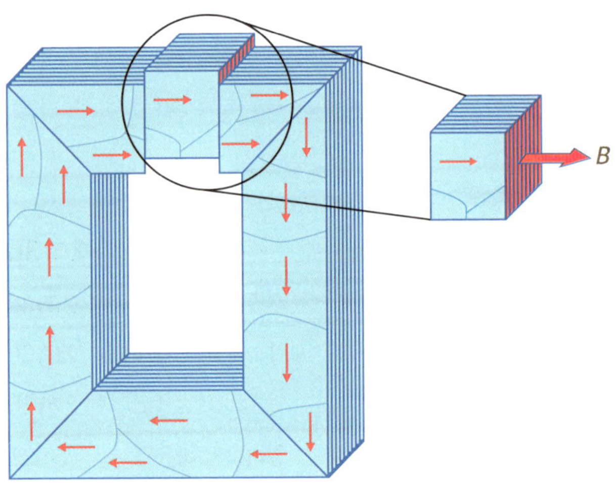

그림 17. 변압기 철심의 개략도 <100> 결정방향이 붉은색

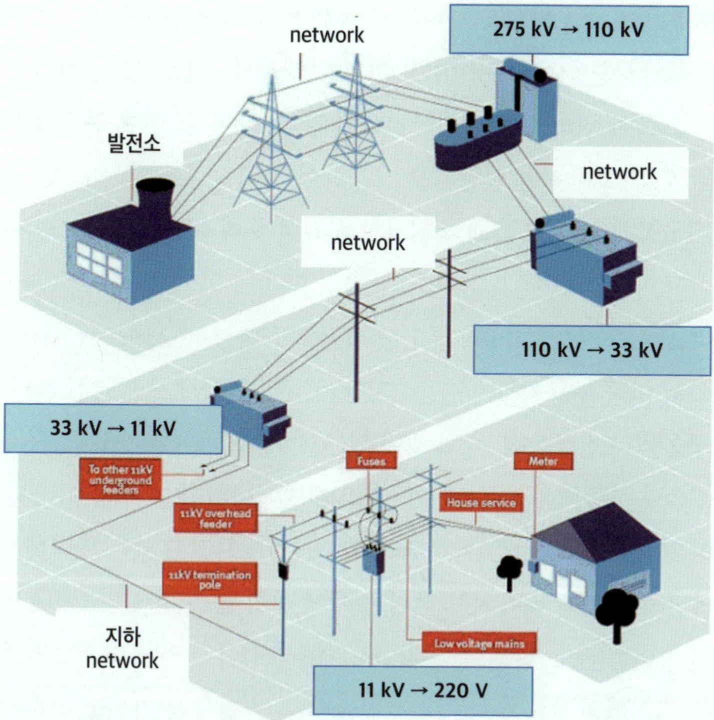

그림 18. 발전소로부터 소비자에게 송전하면서 다양한 변압기가 사용된다

다. 방향성 전기강판을 제조하는 철강회사에서는 AbGG 현상을 잘 이용하여 최대한 고스-방위가 발달한 전기강판을 제조하고자 노력하고 있다. 그림 18에서 볼 수 있듯이 발전소에서 제조된 전기는 송전 중에 일어나는 에너지 손실을 줄이기 위하여 높은 전압으로 소비할 곳으로 송전을 한 후에 다양한 변압기에서 몇 번의 감압을 거쳐 220 V 정도 등의 전압으로 소비자에게 공급된다. 이때 사용하는 변압기 철심이 정확한 고스-방위에 가까울수록 전기의 손실이 감소하는 것이다. 고스-방

위로부터 벗어난 방위를 가지는 좋지 않은 철심에서는 소리와 열의 발생 등 철심-손실(core-loss)이 일어난다. 따라서 변압기 철심 소재에 정확한 고스-방위의 사용은 인류전체의 전기사용량을 수 % 감소시킬 수 있는 것으로, 우수한 변압기를 사용하여 전력손실을 단지 1%만 줄여도 지구상에 있는 수십 개의 원자로의 건설을 대체할 수 있는 것이다.

AbGG(비정상 결정립 성장)을 가끔 2차 재결정(secondary recrystallization)이라 부르기도 한다. 하지만 재결정은 앞에서 언급한 것과 같이 구동력이 잔류응력, 즉 소재에 있는 전위이다. 이에 반하여 NGG와 AbGG의 구동력은 모두 결정립계의 계면에너지인 것이다. 따라서 저자의 견해로는 2차 재결정은 적합한 표현이 아니다. 얇은 박막에서는 결정립의 크기에 비하여 박막의 두께가 훨씬 얇을 수 있다. 이때 박막이 생성되는 온도, 압력, 분위기인 기체(vapor)의 조성에 의존하여 가장 낮은 계면에너지를 가지는 결정면들이 특정 방위를 가지고 선택적으로 생성되는 것이다. 이 형상을 3차 재결정(ternary recrystallization)이라 부르기도 한다. 하지만 이것도 원칙적으로 재결정과는 연관성이 없는 순수한 계면현상에 기인한 것이다.

이 장에서는 소재를 제조할 때에 다양한 온도 컨트롤 및 열제어 공정 등을 행하여 소재의 특성을 변화시키고 최적화하는 방법을 이야기하였다. 모든 제품에 사용되는 소재는 원료로부터 최종적으로 사용하는 순간까지 다양한 화학적 기계적 열적 공정과 다른 시간을 거쳐서 제조되는 것이다. 따라서 어떤 소재도 똑같은 소재는 있을 수 없는 것이다. 다양한 부품에 소재가 사용될 때 부품의 특성구현이 만족되도록 소재의 품질이 일정한 범위의 물성을 가져야 하는 것이다. 따라서 모든 소재는 사용되는 조건에 맞는 소재 품질의 특성을 이해하는 것이 중요하며, 이에 수반되는 기초와 지식에 대한 책《다정한 소재과학 이야기》가 도움을 줄 것이라 믿는다.

참고 문헌

Abbaschion, R., L. Abbaschion, and R. E. Reed-Hill. Physical Metallurgy Principle. 4th edition. Cengage Leaning, 2009.

Backofen, W. A. Deformation Processing. Massachusetts: Addison-Wesley Publishing Company, 1972.

Blakely, J. M. Introduction to the properties of Crystal Surface. Oxford: Pergamon Press, 1973.

Cahn, R. W. and P. Haasen. Physical Metallurgy. 4th edition. Amsterdam: North-Holland Publishing Company, 1996.

Chadwick, G. A. Metallography of Phase Transformations. London: Butterworths, 1972.

Chadwick, G. A. and D. A. Smith. Grain boundary Structure and Properties. London: Academic Press, 1976.

Chalmers, B. Principles of Solidification. New York: John Wiley & Sons, 1964.

Christian, J. W. The Theory of Transformations in Metals and Alloys. 2nd edition. Pergamon, 1975.

Cullity, B. D. and S. R. Stock. Elements of X-ray Diffraction. 3rd edition. Pearson Education, 2001.

Dieter, G. E. Mechanical Metallurgy. New York: McGrow-Hill, 1961.

Easterling, K. E. Introduction to the Physical Metallurgy of Welding. 2nd edition. London: Butterworth-Heinemann, 1992.

Engler, O. and V. Randle. Introduction to texture analysis. Boca Raton: CRC press, 2009.

Flemings, M. C. Solidification Processing. New York: McGrow-Hill, 1974.

Flynn C. P. Point Defects and Diffusion. Oxford: Oxford University Press, 1972.

Gaskell, D. R. Introduction to Metallurgical Thermodynamics. New York: McGraw-Hill, 1973.

Gordon, P. Principles of Phase Diagram in Materials Systems. New York: McGraw-Hill, 1968.

Heimendahl, M. V. Electron Microscopy of Materials: an Introduction. California: Academic Press, 1980.

Honeycombe, R. W. K. Steels-Microstructure and Properties. London: Adward Arnold, 1981.

Lupis, C. H. P. Chemical Thermodynamics of Materials. Amsterdam: North Holland, 1983.

Martin, J. W. and R. D. Doherty. Stability of Microstructure in Metallic Systems. Cambridge: Cambridge University Press, 1976.

Mrowec, S. Defects and Diffusion in Solid-An Introduction. Amsterdam: Elsevier, 1980.

Murr, L. E. Interfacial Phenomena in Metals and Alloys. London: Addison-Wesley, 1975.

Polmear, I., D. Stjohn, J. F. Nie, and M. Qian. Light Alloys. Butterworth Heinemann, 2017.

Porter, D. A., K. E. Easterling, and M. Y. Sherif. Phase Transformation in Metals and Alloys. 3rd edition. London/New York: CRC Press, 2009.

Rhines, F. N. Phase Diagrams in Metallurgy. New York: McGraw-Hill, 1956.

Shewmon, P. G. Diffusion in Solid. 2nd edition. New York: McGraw-Hill, 1989.

Shewmon, P. G. Transformations in Metals. New York: McGrow-Hill, 1969.

Verhoeven, J. D. Fundamentals of Physical Metallurgy. New York: John Wiley & Sons, 1975.

Woodruff, D. P. The Solid-Liquid Interface. Cambridge: Cambridge University Press, 1973.

허무영. X-ray 결정학. 청문각, 2015.

허무영. 철강조직의 집합조직 첫걸음. 문운당, 2014.

다정한 소재과학 이야기
소재의 기본 현상과 기초 이론 + 자연과 인간 이야기

초판 발행 2024년 3월 25일
초판 2쇄 2025년 5월 25일

지은이 허무영
펴낸곳 고려대학교출판문화원
www.kupress.com
kupress@korea.ac.kr
(02841) 서울특별시 성북구 안암로 145
Tel 02-3290-4230, 4232
Fax 02-923-6311
찍은곳 (주)대한프린테크

ISBN 979-11-6956-072-6 03560

값 19,500원
※ 잘못 만들어진 책은 바꿔 드립니다.